如何克服社交焦虑

How to Be Yourself

Quiet Your Inner Critic and Rise Above Social Anxiety

[美] 埃伦·亨德里克森
(Ellen Hendriksen)
/ 著
冯晓霞
/ 译

中信出版集团 | 北京

图书在版编目（CIP）数据

如何克服社交焦虑 /（美）埃伦·亨德里克森著；
冯晓霞译 . -- 北京：中信出版社，2020.12（2025.6 重印）

书名原文：How to Be Yourself: Quiet Your Inner
Critic and Rise Above Social Anxiety

ISBN 978-7-5217-2189-8

Ⅰ . ①如… Ⅱ . ①埃… ②冯… Ⅲ . ①焦虑–自我控
制 Ⅳ . ① B842.6

中国版本图书馆 CIP 数据核字（2020）第 221299 号

如何克服社交焦虑

著　　者：[美] 埃伦·亨德里克森
译　　者：冯晓霞
出版发行：中信出版集团股份有限公司
（北京市朝阳区东三环北路 27 号嘉铭中心　邮编　100020）
承 印 者：嘉业印刷（天津）有限公司

开　　本：880mm × 1230mm　1/32　　印　　张：9.5　　字　　数：170 千字
版　　次：2020 年 12 月第 1 版　　印　　次：2025 年 6 月第 11 次印刷
京权图字：01–2020–1263
书　　号：ISBN 978-7-5217-2189-8
定　　价：59.00 元

服务热线：400–600–8099
投稿邮箱：author@citicpub.com

谨以此书献给

尼古拉斯

他让这本书得以面世

目 录

Part 2

深入了解你的内在评判

Part 3

用行动战胜焦虑

Part 4

逃离社交焦虑的陷阱

Part 5

与人为善，敞开心扉

前 言

测测你的社交焦虑程度

在对抗不公时，莫伊要是不开口说话，那看上去就像只被围困的猛虎。

莫伊是位律师，聪明绝顶，待人谦逊真诚。他身材矮小瘦削，有点儿秃顶，戴着一副圆框金丝边眼镜，留着一撮八字胡。莫伊看起来温文尔雅，但在维护老年人权益、保护弱势女性等社会事务方面很有原则。到现在，他已经在分处全球三大洲的三个国家工作过了。

为了实现理想中的正义，他不得不经常置身于最不理想的环境——会议之中。莫伊的故事就是在这些会议中，在社区中心和教堂的地下室里，在咖啡的余味中，坐在折叠椅上发生的。他这样说自己的故事："那天在会场上，一位会议组织者转身对我说，'你知道吗，莫伊，我们两个聊天的时候，你都谈话自如，但在会议上，你总是很安静，我好像没听你在会上开口说过话'。"

莫伊非常尴尬，但他清楚那个人说得没错。开会时他总是认真倾听、彬彬有礼，但的确是从来不发一言。这番话让他猛然意识到，他的沉默如此明显，根本躲不过别人的眼睛。

莫伊说："不是我什么都不想说，而是不知道该怎么说。别人说话时似乎都很坦然、很自信，等我好不容易鼓起勇气张开嘴时，却发现话题已经变了。一直都是这样。"

不只是莫伊不知道自己该说什么，这种情况我们很多人都经历过。尤其在今天这个难以捉摸的世界，我们时常会纠结于"该怎么回这条信息""这段文字发到朋友圈里是否合适"等问题。如果你天生内向，或者和莫伊的情况类似（稍后会讨论这二者的区别），那么技术和互联网能让你有无数理由去质疑自己。当然，你还要与和他人面对面互动时的焦虑做斗争。

和莫伊一样，你可能也体会过张口说话前的那种折磨。就像站在 10 米高的跳台上，一想到要跳进水里，你的心就怦怦直跳。保持沉默会带来挫败感。你可能在想"其实我知道答案""那是我的点子"，但一想到要说出来，你就仿佛跳进了谈话的深渊，全身无力。那个会议组织者的话开始让莫伊觉得，保持沉默有时会更糟。一直保持沉默就像放在膝部的砖块越堆越多，最终会让你不堪重负。片刻沉默很容易被打破，但要打破数小时的沉默，几乎是不可能的。要是真的打破了，一定会有人转过头来惊呼："呀，我忘了你也在！"

所以，莫伊决定不再等了。他说："后来有一次开会前，我提前在手机里记了些笔记，我想先写出来再说会容易些，但还是没能做到。最糟的是，我旁边的家伙拿起我的手机，给大家念了一遍我的笔记。他肯定觉得是在帮我，但我真是连想死的心都有了。谁会连自己的笔记都念不出来？"

一朝被蛇咬，十年怕井绳。莫伊花了很长时间才再次鼓起勇气去尝试。之后一次会议前，他提前准备了更多的笔记，但最后还是什么也没说出来。"我尽力了，当时我的视线突然模糊，身体也开始发抖。太可怕了。为什么我总是这样？我到底出了什么问题？为什么别人能轻松做到的，我就是做不到？"

和政界打交道的工作经历让莫伊习惯了一次次的尝试，他决定鼓励自己再试一次。他说，那一次，"我要参加个朋友聚餐，于是准备试着说个祝酒词。我在脑子里一遍又一遍地排练过，之前我还编了个笑话，但起身后，说第一句话时就卡住了，大脑一片空白，根本说不出话来了。我说了句'谢谢'，就坐了下来。我当时想，天哪，我真是个白痴！"

莫伊的经历很普遍，这就是所谓的"社交焦虑"，一种过于强烈的自我意识。有社交焦虑的人先是会感觉自己很突兀、很惹眼，之后会有想要躲藏的冲动。他们有时会彻底躲开，有时虽然在场但始终保持沉默，或是专注地盯着地板。他们担心自己说错话或做错事，因为肯定会被严厉地批评。很多人无论是在课堂、聚会、团体、工作中，还是和陌生人在一起，抑或在社交媒体上，都备感压力。他们深信自己在某些方面有问题，比如太古怪、太笨拙、太烦人，或者在其他方面不够好，比如不自信、不擅社交、能力不足。而且，他们的身体也会出卖他们。他们确信别人都会注意到他们令人尴尬的脸红、手掌出汗或双手颤抖这些生理现象。

这些你可能听着都很熟悉。你是否对莫伊的故事有同感？你是否边读边点头？我敢打赌，你和莫伊还有个共同点，那就是在这段尴尬、焦虑旅程中的某个时刻，也许是在约会、面试或开学前，你身边的某个支持者曾给过你那句经典的建议："做你自己！"

这句话出发点虽好，但可能会让你格外恼火。它听着简单，但你根本做不到。和莫伊有类似经历的人都知道在焦虑的嗡嗡声中思考有多难，焦虑能"劫持"我们思考、说话和回应的能力。而且，"做你自己"这条建议似乎在说你从没想过要这么去做。"只要这样做就可以？我可真傻！"

即使这样，"做你自己！"也是个好建议。幸福地独处或者和亲密的朋友、信任的家人在一起时，你真实的自我就会浮现出来。面对所有焦虑情绪时，你具备自己需要的一切——你不需要假装或营造任何形象，做你自己就已足够。想象一下，如果那个真实的自我出现在你的工作和人际交往中，会怎样呢？你可以分享你的想法和观点。你终于能放轻松了，你有足够的能力来应对这个世界。你觉得做真实的自己很舒服。无论走到哪里，你都能感受到那种只有温暖的家才能带给你的温馨、联结感和亲密感。

因此，在本书中，你将学会如何将建议付诸行动。你会了解为什么你会有这样的感受。更重要的是，你能学会如何应对。读完这本书，你会拥有一整箱新工具，等着你去试用。我们将揭开你未曾意识到的一些观念上的迷思，打破你从未察觉到的一些习惯。

很多人都有社交焦虑，因而早已有标准化的量表来测量焦虑的程度。如果你自认为多多少少有点社交焦虑，也可以用摘自两个社交焦虑常用量表的这 25 个场景自测（如下文所示）。你认同的场景越多，说明你在生活中感受到的焦虑就越多。

1. 必须和有权威的人（老师、老板等）对话时，我就会紧张。
2. 和别人进行眼神接触对我来说有困难。
3. 必须谈论自己或者自己的感受时，我会紧张。
4. 我发现很难和同事融洽相处。
5. 和别人单独相处时，我会紧张。
6. 我担心表达自己的观点会让自己显得很愚蠢。
7. 到店里退货让我感到焦虑。
8. 我发现自己很难对别人的观点提出异议。

9. 我总是担心自己在社交场合不知道该说什么。
10. 我和不熟悉的人交往时会很紧张。
11. 我觉得自己在和他人沟通时会说一些令人尴尬的话。
12. 在一群人中，我会担心被忽视。
13. 我不确定是否要和一个仅仅算得上认识的人打招呼。
14. 如果别人能听到我打电话，我就会不自在。
15. 在公共场所吃饭或喝酒，我会感到尴尬或焦虑。
16. 在公众面前表演、演奏或演讲让我感到焦虑。
17. 当别人看着我做事时，我会感到不自在。
18. 打电话、发邮件或发短信给不太熟悉的人时，我会焦虑。
19. 我在课堂上或会议上发言时有困难。
20. 上公共厕所让我感到焦虑和害羞。
21. 我很难与吸引我的人自如地交谈。
22. 考试让我焦虑。
23. 我在主持聚会或活动时，会感到有压力，会焦虑。
24. 我发现自己很难拒绝推销员或律师。
25. 我不喜欢成为大家关注的焦点。

以上仅仅是25个场景，还有很多其他场景。例如，有社交焦虑的人宁愿选择同时做热蜡除毛和牙科手术，也不愿去参加拓展人际关系的社交活动。我们可能会问隔壁桌的同事："我发邮件前，你能帮我看看里面有没有什么怪话吗？”在健身房或在超市里排队时，抑或在任何可能有人会打量我们的地方，我们都有可能感到不安。我们会在点餐前先想好要点什么，在接客服电话前先想好提什么要求，或是反复琢磨在聚会上要讲的段子。当然，我们还会想办法偷偷溜出那个聚会。

这些都是现实生活中的例子。如果说社交焦虑以前是“慢燃”模式，那么科技发展对它而言就是“火上浇油”。为什么呢？因为焦虑源于不确定，还有什么比现代交流更不确定的呢？比如，“为什么他只回了一个省略号？”“为什么老板回我邮件只用了一个字？”“她为什么发短信说‘我可以打电话给你吗？’”“他为什么发短信说自己是蝙蝠侠？”

社交媒体让这一切变得更糟。美国匹兹堡大学的一项研究调查了近 2 000 名年龄在 19~32 岁的年轻人，发现使用的社交媒体平台越多，焦虑感就越强。这和在社交媒体上花了多少时间无关，而是和社交媒体本身的独特性有关。具体是什么独特性呢？社交媒体是公开的社交评论，具体评论数量也是公开的。对青少年来说，形成身份认同和巩固自尊已经很难，而社交媒体上的朋友可以全天候地观察和评论他们，这无疑会让他们的成长过程变得更为艰难。

无论在网上还是在现实世界中，面对社交评论时，我们都会选择逃避或忍受。与大多数心理学专业术语不同的是，逃避和忍受这两个术语的含义与你的直觉理解完全相同。逃避就像是边用手指堵住耳朵，边唱“我听听听不见你！”但逃避可能比较费事，你装咳嗽，就得记得隔天还要咳嗽，选择走人少但距离更远的路费时长，准时到会场就可以不用跟别人聊天——把控到场时间的精确度也很累人。逃避可以是公开的，比如你没出现在派对上、把来电转到语音信箱；也可以是隐蔽的，你甚至都没意识到自己在逃避，避开眼神交流就是典型的逃避。或者，我们可能会去参加派对，但大多数时间都在抚摸主人家的猫或躲在阳台上看短信，然后悄悄溜回家，捧着麦片粥追剧。虽然逃避能让我们马上解脱，但随之而来的几乎总是内疚、羞愧、失望或沮丧的苦涩滋味。

聚会上的我

忍受带给我们的则是无比紧张地挨过公司的团建活动、报告会或婚宴。希望老天能帮下那位竭力把你拉进舞池的好心的伴娘，你宁愿用餐叉戳她，也不想跟着跳集体舞。忍受完整个活动的你回到家时，常常会烦躁不安，莫名胃痛，面部肌肉因一直假笑而酸痛。有时你会直接把自己灌醉。

对我们大多数人而言，这种感觉由来已久。对于 3/4 有社交焦虑的人而言，这种漫长而尴尬的经历始于 8~15 岁的某个阶段，并让我们在未来几十年里宁愿选择翻看手机，也不愿与人交谈。对我们中很多人而言，社交焦虑就像褐色的眼睛或卷曲的头发，是身体的一部分，从第一天起，我们记忆中就是这样。

现在你可能已经注意到我说的是“我们”。学术界有句话：研究就是我的找寻。许多科学家之所以选择某一领域，是因为研究主题对他们或他们的生活来说是真实的。研究“坚毅”的专家在遭遇任何挫折之后都会重新振作起来。创伤研究专家经历了危及生命的事件后能幸存下来。注意缺陷与多动障碍的研究者无视身边一碰即倒的纸堆，专心伏案工作。我在波士顿大学著名的焦虑与焦虑相关障碍研究中心（CARD）工作，这一点也很能说明问题。

我最早的记忆可以揭示我的焦虑从何而来。20 世纪 80 年代初，我 3 岁那年，在上幼儿园，和其他 15 个孩子一起坐在地板垫上。我的老师菲什太太披着一头中分的棕色长发，边弹吉他边唱《你是我的阳光》《安静，小宝贝》等轻柔的歌曲，哄我们暂时安静下来。我记得自己睁开眼时，看到菲什太太身子伏在吉他上，正专注地看着我，脸上带着微笑。显然她盯着我有一会儿了。她说："你醒了！早上好，甜心！"我坐起来揉眼睛时，突然意识到其他人都在看着我。我顿时僵住了，就像一只在车灯前呆住不动的小鹿。有些孩子在笑，这笑声并不是嘲笑，但对一个敏感的 3 岁孩子来说，就像被玩具木棒一下刺穿了小心脏。刚睡醒的我还有点儿晕，这让被人取笑的感觉变得更加强烈。我紧闭双眼，在黑暗中备感窘迫。

这是我很不平常的最早的记忆。我没记住拿哥哥的爆米花去喂湖里的鸭子，没记住第一次玩"不给糖就捣乱"的游戏，我焦虑的大脑只决定记住那次无意的小睡后，友好的老师和被逗笑的同学带给我的那种丢脸的感觉。

焦虑从那时就开始了。小学一年级时，我记得自己总带着胃疼和"我没忘了什么作业吧"这些揪心的担忧去睡觉，没有什么词能形容那种被繁忙课业压得喘不过气来的感觉。三年级时，我记熟了乘法口诀表，但一直拖到班上最后一个背给老师听。初中时期，强烈的自我意识和拼命争取同伴认可完美冲撞，简直是我社交焦虑地狱里的至暗深渊，但这也不足为奇。高中时期，我开始展现自我，有一圈关系很好的朋友，还当上了班干部。之后的大学四年深深地冲击了我。其他学生参加裸体派对，在研讨会上与学术名人讨论，而我在衣着严实的派对上避免与他人目光接触。整个大学四年里，我主动举手发言只有零星那么几次。

时隔多年，在拿到了临床心理学专业的博士学位后，我慢慢发生了变化。我不仅可以在会议上发言，还能主持会议；我举办过非常棒的晚宴，能自信地对着一屋子学生讲课；我还期待能在婚宴上跳舞。我曾经和我的来访者一起，以克服社交焦虑的名义做各种窘事——在五金店向店员买柠檬草，在拥挤的星巴克故意把咖啡弄洒，问完路然后往相反方向走，等等。当我向别人说起自己的焦虑史时，他们的脸上大都写满了不相信："真是想不到！""但是你很自在啊！"今天，我可以真心实意地说，我对自己很满意，即使过去并不是这样。我知道你也做得到。那么，我是怎么做到的？你怎样才能做到呢？我将在本书里与你分享所有的答案。

当然，现在的我有时仍会焦虑。我时常要做公共演讲，面对一大群人时，我会忍不住流泪，有时大家看不出来，有时则很明显。我已经学会把流泪看作焦虑的流露。比如，我哭着念完了给已故祖母的悼词。你可能会说在这种场合可以哭，肯定很难过。但我最害怕的，其实是所有人都注视着我。硕士论文答辩时，我也流泪了。这合适吗？不太合适吧。

我的致命弱点是上镜。孩子们用手机录视频时，我总会巧妙地将自己的身体移出镜头。我讨厌视频通话。在弟弟的婚礼上，摄像师跑到我面前问："你有什么话要对新郎新娘说吗？"我看上去大概像只走鹃，摄像师只看到了我长裙下飞奔离去的双脚和一溜尘土。我可能惊着摄像师了，但对我而言，摄像机上那个小红点就像快要出膛的子弹。我只能说，这方面我还在努力。

但关键是，你可以努力做出改变。这是你能做到的。你可以很自在轻松地与他人交谈，不介意被别人注视，和别人在一起时也很自在。很多焦虑是习得的，这意味着也可以习得如何克服焦虑。你不用努力几十年，通过艰苦的研究学习来克服社交焦虑。我的确费了很大劲儿，也正因为这样才写了这本书。

《如何克服社交焦虑》这本书是写给所有时常或一直陷入社交焦虑的人的，我知道这样的人不在少数。

事实上，焦虑是分层级的，社交焦虑的程度有很大差别。第一个层级，也是最常见的，即"社交尴尬"。即便处事老练的人有时也会感到尴尬或窘迫。比如服务员说"请慢用"时，你脱口而出"你也是"。拥抱一位女士时，你不小心碰到了她的胸部。你热情地和朋友道别，却发现你们要往同一个方向走。这三种情况在我身上发生过不止一次。这些时刻可能会让你只想退缩，却又躲不过去。当然，它们最终会成为不错的故事，甚至是段子。

第二个层级是大家说的害羞，我称之为“日常社交焦虑”。如果听到“害羞”一词，你感觉说的就是你，那么这本书就是为你准备的。我们很多人都有同感：在聚会上，我们一直和自己的伴侣或最好的朋友待在一起；我们在自己的办公桌上吃午饭；即使知道答案，我们也不会举手发言。我们也都讨厌闲聊、和老板共用一部电梯，会要求某人去影厅外继续打他的电话。自己独处时或和熟悉的人在一起时，我们感觉一切正常；但当会议室里所有的眼睛都注视着我们时，我们的心就会怦怦直跳。和朋友喝完酒看完比赛时，我们突然算不出该给服务员多少小费了；试图在路边咖啡店旁停车时，我们会紧张到冒汗。我们担心自己会被认为言行不妥或没有能力，然后又因自己的担忧感到沮丧。我们觉得自己太蠢了，为什么不能更自信一些？我怎么了？

第三个也是最后一个层级，就像莫伊一样，在人生的某个阶段，13% 的美国人会认为自己“极度羞怯”，但我认为这属于社交焦虑障碍。社交焦虑障碍是指在社交或工作场合中，害怕被他人审视、评判、被发现缺乏社交能力和个人表现能力，这会妨碍你去做自己想做或要做的事。它是人类第三大常见的心理障碍，仅次于抑郁症和酒精依赖。如果社交焦虑让你痛苦不堪或生活受损，那它就不是小烦恼，而是大问题了。简单说就是，它让你恐惧，无法去过你想要的生活。它让你痛苦不堪，比如为了准备公共演讲，你连续几周紧张不安、失眠，甚至幻想从公司卫生间的窗户那儿逃出去。它让你生活受损，是指你因为不想主持会议或管理他人拒绝了晋升的机会，结果在职业发展上止步不前；或者你决定放弃课堂参与，导致学习成绩下降了 20%；或者当你最好的朋友邀请你在她的婚礼上致辞时，你无法鼓足勇气答应她，这让你俩都很伤心。还有 21% 的有社交焦虑障碍的人群，他们的紧张表现为愤怒和易怒，生活受损的表现形式是他们会讽刺和批评他人，这会让他们失去友情，人际关系也会受到影响。①

如果你确信自己因社交焦虑障碍而痛苦不堪或生活受损，这本书绝对适合你读，但不要止于读书，还要寻求更多帮助。心思缜密的认知行为治疗师可以为你量身定制一个治疗项目——好的治疗师会把你调理到最佳状态。

但是，无论你发现自己的社交焦虑属于哪个层级，无论它是暂时的还是持久的，无论你是畏缩在角落里还是直面一场争斗，它都是因为你害怕人们会看到你不好的一面从而拒绝你。无论社交焦虑的表现方式如何，它都会阻碍我们的工作进展，阻碍爱情和友情的加深，让我们痛苦和孤独。

这种孤独让我们付出了什么代价？事实证明，它不仅仅意味着你在周末的晚上拉上窗帘躲起来。孤独是有毒的。孤独是一种

---

① 对“做你自己”这句话的常见反驳是“如果真实的你是个浑蛋怎么办？”我认为所谓浑蛋言行，源自恐惧和不安全感。当恐惧消失时，浑蛋言行也会消失。

感知：你独自一人时也能拥有联结感，在人群中时也可能备感孤独。事实上，15%~30% 的人认为自己长期感到孤独。

通常孤独被视作和饥饿或口渴一样的基本驱动力，这种感觉是在告诉我们，我们缺少生存必需的某种东西，并促使我们寻找联结。如果不加以抑制，孤独就会让我们感到绝望和不安。孤独会扼杀我们的睡眠质量、我们的情绪、我们的乐观精神和我们的自尊。长期的孤独会增加患上心脏病、阿尔茨海默病的概率，甚至会加大死亡的风险。我们要明白，社会联结至关重要。事实证明，我们的生命依赖于社会联结。焦虑不会杀了你，但孤独可以。

现在，如果你的社会联结没有你希望得那么紧密，那么以上关于孤独的说法可能会令你生畏，而克服社交焦虑又似乎是难上加难。但我向你保证，你已具备很多资源和能力。数十年的研究表明，社交焦虑有利有弊，与之相伴的是强大的技能。社交焦虑会突显出你的一些特质和倾向，这些特质和倾向在 21 世纪多元文化的世界里对你大有裨益（即使你的恐惧和尴尬消失，这些特质和倾向也不会消失）。

事实上，许多有社交焦虑的人往往拥有以下特质：

- 谨慎思考——会考虑自己要说什么；
- 有责任心，有强大的内心向导和强烈的职业道德感；

- 天生擅长记住他人的面孔；
- 极具同理心；
- 亲社会，对他人友善、乐于助人、无私利他；
- 考虑他人的权利、需求和感受。

在我们的生活中，这些特质的具体表现又是什么呢？有社交焦虑的人经常会：

- 省略不必要的话——在一个人人拼命抓人眼球的世界里，跳出了“话越多越好”的讲话方式；
- 努力工作，确保他人感到舒适；
- 仔细观察和倾听他人——在今天寻求关注度的文化中，这项特质几近失传；
- 保持高标准、严要求，工作表现堪称典范；
- 尊重其他文化和背景。

看上去是不是很眼熟？很多有社交焦虑的人积聚了这些力量。即使你属于焦虑人群中因焦虑而讽刺和批评他人的那“21%”，我知道在你所有的刺下面，你可能也有很多类似的品质。就像河豚一样，你的刺只是因为你恐惧。

再回顾下上述特质。这些都是适用于 21 世纪日益互联和全球化的社会的技能。我们中很多有社交焦虑的人，在多元文化的世界里敏感且谨慎地活着。而那些不关心他人想法的人，忽视他人的权利和感受，也丢掉了有可能建立的关系。你可能已经自然而然地做了其中很多事，再通过一些练习，你就可以在做这些事时更自在。

另外，有 40% 的人认为自己很害羞，这也是社交焦虑的一种表现形式。再把问题扩展一下，问问人们在生活中的某些时刻是否曾感到害羞，这个比例就会飙升到 82%。① 此外，在特定情境下，高达 99% 的人会感到社交焦虑，只有 1% 的人（包括心理变态）从未有过社交焦虑。有了这些数据，我敢说，日常生活中的社交焦虑再平常不过了，你的这些经历比你原以为的要普遍得多，尽管你有时（甚至经常）会感到尴尬。

有社交焦虑很正常，但你之所以拿起这本书，就是因为社交焦虑已经妨碍了你的生活。你也许纠结于某条短信该怎么措辞，祈祷老师不会叫你回答问题，正在担心某个结果，生怕冒犯到别人，演讲时害怕大脑会突然一片空白或者全身无力……不管你的社交焦虑属于哪种情况，你都有希望改变。

---

① 为什么？因为时间对我们有利。社交焦虑程度会随年龄增长而稳步下降，我们不可能避开所有人、所有事，但随着年龄的增长，我们就不会那么在意别人怎么想了。既然现在我们就可以帮助自己克服社交焦虑，为什么还要等待呢？

你可以把这本书看成一条通向改变的道路，让自己摆脱外在的紧张，展示内心舒适自信的一面。不管你现在向世人呈现的是什么样的自己——是尖酸强硬，还是和蔼可亲，或是高度紧张、尴尬窘迫，我知道最好的“你”一直都在。当你和那些让你觉得舒服放松的人（知己或最亲密的家人）在一起，或是独自享受孤独时，你的自我就会浮现出来，这才是真正的你。所以，当我说做你自己时，我指的是做真正的自己、无所畏惧的自己。你或许不相信，向世界展示真实的自我是安全的。在接下来的章节中，我将在你的大脑中点亮一盏明灯，让那些有用的特质继续发挥作用，同时抛弃那些没用的特质，给你装满你需要的工具，推动你朝着希望的目标前进。

实际上，“你自己”始终在变化。你是一个有生命的、会呼吸的生命体，你在 10 岁或 20 岁时，和你在 30 岁、40 岁、50 岁及更大年龄时，不会是同一个人。每一天你都在改变，并将继续改变。问题是，你需要选择改变的方向。我不会承诺你会收获一个“崭新的你”，因为你没必要改变自己的个性，你只需要看到你本来的自我就已足够。从根本上说，社交焦虑就是一个人以一种扭曲的方式看待真实的自我，并将这种扭曲视为真实。我们放大（甚至完全是在想象）自己的缺点。我们总在担心自以为存在的缺点，全然忘记了自己拥有的巨大天赋。当你找回自信时，你就无须争取别人对你的信心，你需要的只是勇敢尝试的意愿。

做你自己，克服社交焦虑，这将改善你生活的方方面面：你的工作，你的人际关系，甚至只是去趟杂货店。做真正的、真实的你，即使只是站在收银台前工作、在聚会上与人握手或参加公司的研讨会，也能帮助你过好这杂乱、不完美却无比珍贵的人生。有一点我很确信，那就是你没有任何问题。我再说一遍，即使你认为这句话不适合你。你没有任何问题。这本书会让你在做自己时感到无比舒适，了解这一点会帮助你实现无限可能。

开始学习如何做自己时，我们可以从最优秀的人那里汲取一些灵感。比如，圣雄甘地以平静的方式动摇了英帝国主义的根基，带领印度走向独立，并在全球范围内激发了民权运动。他教给了我们太多太多。

1930 年甘地领导了一场游行，抗议英国殖民政府对生活必需品食盐的垄断，这是他发起的最伟大的非暴力不合作运动之一。当时，印度人不仅要以昂贵的价格从政府那里购买盐，还要缴纳巨额税款，穷人难堪重负。于是，甘地开始了走向阿拉伯海长达 300 多公里的抗议游行，他身边有几十个追随者，一路上，甘地不断呼吁和平、非暴力，每次演讲结束前他都会说上一句："希望我的这些话能传到这片土地的每一个角落。"

一天天过去，甘地游行的消息传播开来，越来越多的支持者加入了游行队伍。游行的三个多星期里，聚集了几千名追随者。

甘地等人最终走到了阿拉伯海海边，只见他涉水走进滩涂，象征性地抓了一把盐，几千名支持者在一旁观看。

数年后，马丁·路德·金写道，甘地的非暴力不合作运动为“我一直在寻求的社会改革提供了方案”。借鉴甘地的做法，马丁·路德·金先后领导了伯明翰反种族隔离运动、蒙哥马利巴士抵制运动和华盛顿大游行，并最终促成美国国会通过《1964年民权法案》。

从艾哈迈达巴德到亚拉巴马，再到华盛顿特区，甘地的非暴力思想确实影响到了这片土地的每一个角落，但他也有过公开演讲方面的障碍。还记得本文开头提到的莫伊吗？莫依（Moe）是莫罕达斯·甘地中“莫罕达斯”（Mohandas）的缩写。[①] 甘地在自传中用了整整一章的篇幅来描述他的社交焦虑，你们在开头读到的那些内容就是我的改编。他写道：“年轻时，每当必须要面对陌生听众时，我都会犹豫，因而会尽量避免做公共演讲。”但甘地的焦虑还不止于公共演讲，“即使是社交拜访，如果有六七个人或更多人在场，我也会说不出话来”。甘地在年轻时连祝酒词都说不了，但在1947年，他面对两万多名现场观众发表了演说。

回顾自己的一生，甘地写道：“我得说，除了偶尔会被别人笑话外，我先天的羞怯感也没什么坏处。事实上，我觉得这个缺

① 甘地的全名是莫罕达斯·卡拉姆昌德·甘地（Mohandas Karamchand Gandhi）。——编者注

点反而对我有利。我说话时的迟疑曾经是我的烦恼，现在倒成了一种乐趣。”

社交焦虑是一种乐趣？乍一想，在意别人对我们的看法似乎没什么可取之处，但再想一下，我们就会发现甘地说得对。保持适度的社交焦虑，关注他人的信念和观点，这才是真正的力量所在。不管你怎么叫这种力量——共情、尊重还是平等，在今天这个时代，它在我们表达对他人的关注和关心时尤为重要。

甘地在自传中这样描述他的社交焦虑：“它让我成长，帮我辨明真相。”我希望这本书也能帮助你辨明真相——真相已经在你内心，你足够优秀。让我们一起来克服社交焦虑，找到做回自己的力量吧。

Part **1**

深度了解社交焦虑

第 1 章
社交焦虑是如何形成的?

吉姆从没缺席过周日晚上舞蹈工作室的课。

室外，晚秋的金橙色叶子还挂在树上，在新英格兰的风中颤抖。室内，宽敞的大厅像个婚宴厅。大厅一侧摆着几张圆桌，上面铺着亚麻桌布，盛着水的玻璃杯散乱地放在桌上。厅里余下的大部分空间都留给了宽敞闪亮的硬木舞池，音响里正放着马文·盖伊的歌曲《多么甜蜜》。

大厅里挤满了人。大约 20 对学员站成松散的一排，在优雅的工作室老板、巴西人托马斯的指导下，练习东海岸摇摆舞。每个星期天晚上，托马斯都会来教授一次集体课，还把课变成了社交舞会，他给这个舞会取了一个名字：练习派对。托马斯放着音乐，跟大家说："女士们、先生们，这是狐步舞！""接下来，我们来跳伦巴！"学员们邀请彼此跳舞。在他们练习舞步时，老师来回走动，给予指导，调整学员舞姿："一只手放在肩膀的这里，下巴抬起来！"56 岁的吉姆 4 年前开始跳交际舞，现在已成了老学员。他身材修长，一头红发修剪整齐，显示出他的爱尔兰血统。

一天晚上，当小哈利·康尼克的歌曲《一个眼神一个微笑》最后一个音符放完，学员们都放慢了舞步时，托马斯靠近麦克风，眼中闪过一丝光亮，问道："现在请大家把舞池留给真由美，好吗？"吉姆有点儿困惑。托马斯总是一首接一首地连着放歌，好让大家一直跳下去。但那晚不太一样。真由美是吉姆的老师，所以他礼貌性地鼓掌，转身走向一把折叠椅。托马斯继续说："今晚我们将为大家献上一场惊喜表演——生日舞会！"吉姆呆住了。那天是他的生日。他们怎么知道？他没有告诉过任何人。他只好转身回到舞池，目光划过几十个人。真由美在一圈旁观者中站着，她面带微笑，向吉姆伸出了手。

时间和练习改变了一切。4 年前，吉姆做梦也想不到自己会参加任何聚会，更别说是舞会。在舞会上，他得主动邀请女舞伴，在镜子前当着众人跳舞。

吉姆成长于20世纪六七十年代，在多切斯特的爱尔兰天主教教区长大，那里是波士顿市中心的一个工人阶级社区。吉姆的父亲性格沉着稳重，在哈佛当了30年的场地管理员；吉姆的母亲是一家保险公司的秘书。吉姆和弟弟瑞安在波士顿一栋三层公寓楼里长大，公寓楼里各家户型相同，公寓门廊连着木制台阶。放学后，吉姆、瑞安和邻居家的孩子们就会在街上闲逛。孩子们经常在一起玩街头曲棍球，轮流从街边的汽车下勾出滚进去的曲棍球。玩累了，他们就会成群结队去街角杂货店，用零花钱买他们几乎每天必买的饮料和小吃。

无论表面上看还是实际来看，这个社区的住户关系都很紧密。“我可以从卧室窗户跳到隔壁房子里，”吉姆回忆说，“房子挨得就这么近。这种紧密也说明社区很团结。如果有陌生人出现，周围的人会马上注意到，他们会走过去问陌生人：“有什么需要我帮你的吗？”所有人也会密切注意着孩子们。吉姆说：“住在那里很安全，虽然有时我也会招来小麻烦。我和弟弟出去玩，妈妈告诉我们不要过林登街，但我们还是会跑过去玩。等回到家，妈妈就会罚我们禁足。我问她，‘你怎么知道我们去那儿了？’她说，‘奥尼尔太太看到你们了，她给我打了电话。”“我们做了什么坏事都逃不过大人的眼睛。同时，无论去哪里，我们都是安全的。我不想在别的地方长大。”

社区里爱尔兰人的眼睛时常从公寓楼的窗户向外张望，对吉姆和他的朋友们而言，这意味着安全，但对吉姆的母亲梅芙而言，就是另一回事了。不管吉姆和瑞安是去学校、教堂，参加家庭聚会，还是去打曲棍球，在他们蹦跳着下楼出家门之前，梅芙每次都要仔细地检查下。吉姆记得，母亲会说“来让我看下”，然后盯着他们，从头到脚地察看，梳理他们凌乱的头发，把他们脏兮兮的脸擦干净。“我们必须看着很整洁，”吉姆说，“她总担心被别人评判，怕邻居说三道四。比如一群女人聚在一起，摇着头咯咯笑着说，‘我的天哪，你那天看到梅芙家的小子们了吗？’”

等吉姆他们回到家，还有另一套流程。孩子们在橱柜里找零食吃时，梅芙会问：“你们今天碰到谁了？看到哪个邻居了吗？”吉姆回忆说：“当时，我们就像活在鱼缸里，总在被审视。母亲总是生活在担忧中，怕邻居看到我们在肮脏的地方玩耍、不尊重别人……我们也不知道她究竟在怕什么，她也没具体说过。”

梅芙自己要出去时，顾虑会更多。“和她一起在银行排队最糟，”吉姆回忆，“因为她被困在那儿，大家可能会看到她，而她却无能为力，就像陈列在银行出纳柜台外那两根红色天鹅绒绳索之间。”一年年过去，她越来越不舒服，最后只好选择待在家里。她让吉姆和瑞安去教堂做礼拜，自己却再也不去了。吉姆解释说：“我想妈妈太害怕见到别人了，于是她让我们去教堂，这样邻居就不会说什么。这些年来，在努力去理解妈妈时，我尽量保持宽容，推测她也许是因为自尊心太强，但现在我知道那是因为恐惧。”

焦虑无疑会遗传。如果一个人的一级亲属里有人有焦虑障碍，比如吉姆父母中一方有这个障碍，那么这个人患焦虑障碍的风险就会增加 3~5 倍。但心理遗传学还是个谜，即使对最投入的科学家来说，它也是个让人抓狂的谜团。为什么呢？首先，与镰状细胞贫血不同，焦虑不是由单个基因控制的。目前我们还不清楚焦虑是少数基因的大影响还是很多基因小影响的结果。还有一个问题叫“表型复杂性”，意思是焦虑就像神话中的九头蛇海德拉。当然，社交焦虑也有各种临床表现，如强迫症、惊恐发作、害怕蜘蛛等。我们很难想象这些不同的“花”是如何从同种基因的种子中萌芽的。

其次，焦虑不是客观情况，至少目前仍没有能够确定焦虑的实验室测试。我们不能在显微镜下通过观察吉姆或梅芙的血样看到焦虑。焦虑的诊断结果都是基于自我报告。尽管我们的基因表达焦虑已有上千年历史，但是关于社交焦虑障碍（即严重的社交焦虑）的描述 1966 年才首次出现在文献中，直到 1980 年才被明确命名为“障碍”。因此，我们还不清楚现代的人工诊断是否适用于我们古老的基因组。

最后一个难题是基因和经验，它们像咖啡和奶油混成的旋涡般很难分离。性情驱动我们每天的选择，但我们喜欢待在家里读书，反映的是一种特定的基因组合，还是我们读书久了成习惯了呢？简而言之，焦虑是否遗传一清二楚，而是怎么遗传的则没人清楚。

除基因外，社交焦虑的种子也会通过习得播下。在某个时间点，像吉姆一样，我们习得了害怕别人的评判，习得了隐藏潜在的羞辱。这一习得可能是通过某一段经历而被铭记的，比如在全校师生面前突然呕吐，或是在拥挤的餐馆里突然惊恐发作，好心的服务员叫来了救护车；可能是一次可怕的目击经历，比如看到自己朋友被欺凌，或是看到某个同学日复一日地被某个老师贬损；也可能是因为成长在一个认为社交没意义而不与人交往的家庭里。无论以哪种方式习得社交焦虑，这都让我们产生了同样的恐惧，害怕他人发现我们自己在做蠢事，害怕被他人揭露。这些习得经历往往不易察觉，无法准确定位。对我来说，和很多人一样，没有真正的开始，只是一直如此。

吉姆从母亲梅芙那儿学到的就是，无论走到哪儿，都有人在看他、在评判他，奥尼尔太太的告状电话就是证明。多年来，就像溪水流过基岩，日久磨出沟槽一样，社交焦虑已悄无声息地存在于吉姆身上。50 年后的今天，他说："我总觉得别人在看着我，觉得他们会发现我有什么地方做得不对。母亲在我和弟弟身上灌输了这种思想。"

我们像海绵一样吸收着家庭教育，并没意识到一种核心信念也在我们的内心逐渐成形。在有些家庭，学到的东西可能完全不同。

比如，和邻居在门廊那里聊聊天是件美好的事，在舞池中心展现舞姿是件开心的事。我丈夫从小到大都认为，一定要留屋顶修理工或水管工在家里吃饭。但如果成长在吉姆的家庭或更敏感的家庭里，我们学会的就是，别人不仅会评判我们，而且会很苛刻。我们感觉这种恐惧是真实存在的。我们以为世界就是这样。这个世界让我们感觉被评判包围着，而我们不得不孤独地面对恐惧。

这种恐惧让我们付出了沉重的代价：我们很难接触别人、走近别人，一起共度美好时光。我们很难向别人开口提自己的需求，生怕别人觉得我们势利、冷淡、不友好，其实我们只是紧张。最糟的是，恐惧让我们感到沮丧和被孤立，当然，它也会阻碍我们活出真实的自己。

吉姆 14 岁那年，一个炎热的夏日，“警报”响了——蒂娜一家人搬进了这个 90% 的家庭都生男孩的社区。蒂娜也 14 岁，留着一头棕色长发，笑容明媚灿烂。她长得非常漂亮，社区里的男孩子们很快都注意到了这一点，她看上去比实际年龄成熟。

蒂娜家就在街角，正巧在吉姆堂姐罗莎琳家的街对面。吉姆不管去学校、罗莎琳家、杂货铺或是回家，都要经过蒂娜家。蒂娜和妹妹常常盘着腿坐在家门前。虽然吉姆和大多数男孩一样害怕，但每天从她们身边走过时，他都会向蒂娜和她妹妹问好。于是，他们逐渐熟悉起来。他指给蒂娜看大街另一头自己家在的那栋蓝色公寓楼，还开玩笑抱怨那些多事的邻居。一天，蒂娜眼睛哭红了，因为她奶奶摔断了髋骨。吉姆专注地听蒂娜诉说她的恐惧和担忧，他不知道该说些什么，只希望能为她做点儿事，让一切都好起来。慢慢地，他们的相处逐渐进入了一种轻松的状态——这是一个人在青春期的混乱中，在对融入社会的极度渴望中，能感受到的最轻松的状态。

“然后有一天，”吉姆回忆说，“学校里的一个朋友跟我说，‘你知道吗，吉姆，蒂娜真的很喜欢你’。这下完了，我不知道该做什么、说什么。从那以后，每次看到蒂娜我都会躲起来，躲在灌木丛里或汽车后面。躲哪儿不重要，就是每次必须避开她。之前我从没躲过谁，因为她，我学会了逃避。”

这成为一个决定性的时刻。如果说先天基因和后天习得给枪装上了子弹，那么吉姆朋友的这句话就是无意中扣动了扳机。我们都经历过那种感到胃在下坠、脸上发烫、肾上腺素激增的社交窘迫时刻。但是，是什么把一次性的震惊变成了持续折磨人的社交焦虑呢？是逃避。简单地说，逃避就是你在情绪紧张时，为了让自己感觉好些，而去回避那些让你感到焦虑的事。逃避确实会让你感觉好些，至少短期内如此。逃避能让焦虑暂时消失。对吉姆而言，焦虑可以因此平复，直到他下次看见蒂娜，再次蹲到离他最近的汽车后面。

但从长远来看，逃避的后果是灾难性的。它是情感健康的头号敌人，并会使所有焦虑（不仅是社交焦虑）持续下去。社交焦虑之所以成为问题，原因不只有基因和习得，还必须能够发展和保持。有了逃避，焦虑得以“完美地”发展和保持。

当然，一个十几岁的男孩不可能明白逃避的长期后果。吉姆只知道，他可以晚点告诉蒂娜他也是真的喜欢她。这延缓了初恋的尴尬，最重要的是，它推迟了一种可能，吉姆担心，如果蒂娜真有机会更多地了解他，也许她会觉得自己犯了个严重的错误，然后把他的心磨碎在多切斯特的人行道上。

这种恐惧是社交焦虑的核心。我们会觉得人人都能看见我们内在的尴尬、不足或缺陷。吉姆害怕这种“暴露”。有社交焦虑的人不仅担心自己被评判，更担心评判者的看法是对的。我们认为自己有问题，为掩盖问题而逃避问题。我们觉得，自己一旦被暴露，就会被拒绝、被羞辱、被曝光。

但是，我们到底在害怕什么呢？大卫·莫什科维奇博士是滑铁卢大学的心理学家，他认为“暴露”可分为4类：

- **我们的焦虑**

我们可能担心别人会看到我们焦虑的身体迹象：被汗浸透的衬衫，绯红的脸颊，回答问题时结结巴巴……因此，我们衣橱里装满了高领毛衣，药柜里有强效止汗剂。我们在公共场合不用激光笔，也不喝水，因为不想让人注意到自己的手在颤抖。为了不让别人看到自己流汗，我们从不脱掉外套。

·我们的外表

我们对自己的外表不满。我们认为自己不够有吸引力，穿着不得体，发型奇怪，身形肥胖。我们认为所有人都会注意到我们的缺点，或觉得我们看上去很奇怪。不管怎么努力，我们的外表都不够好。

·我们的性格

这是个大问题。我们可能会担心自己的人格：我们不够酷、不幽默、愚蠢、总是失败、疯狂、不够资格、没能力，或者有缺陷。焦虑时我们可能会喃喃自语："我到底怎么了？"回答了这个问题，你就会找到自己的核心恐惧。不管答案是什么，暴露告诉我们，我们确实是有缺陷的。

·我们的社交技能

这是另一个大问题。我们可能会觉得自己没个性或相当笨拙。在公开场合，我们担心自己不知道该说些什么，或者语无伦次，大脑突然一片空白；过于安静，显得无趣；情绪冲动，或无法让他人了解，没人能明白我们在说什么。他们目光呆滞地看了我们一会儿后，甚至会请我们再说一次，但语气就像在和 3 岁的孩子说话。

所以，我们觉得与其冒着暴露一切的危险，还不如躲起来，有时是明躲（比如吉姆向灌木丛扑去），有时是暗躲（我们盯着手机，以避免和别人目光接触，或是静静坐着倾听朋友的诉说）。

对于吉姆，逃避教会他两件事：第一，与蒂娜交往是冒险的，甚至有危险，有被羞辱的危险。他们如果开始交往，蒂娜慢慢地会失去兴趣，让吉姆陷入心碎的痛苦中。这种情况完全有可能发生，但因为吉姆选择了躲避，选择了远离蒂娜，所以他从没有机会确认事情最后的结果。

第二，他无法应对蒂娜对他的热情。逃避就像是你的大脑里有只大惊小怪的母鸡，它本意是好的，但在保护你免受某种状况影响的过程中，它无意中发出的信息你应对不了。逃避可以保护你不受威胁，但也让你无法学会说“这不算太糟”或是“等等，没发生什么可怕的事”，它将阻碍你去战胜更大的挑战并由此建立自信心。

总之，每当我们选择逃避，比如下班后不和同事去酒吧（“不去了，我得完成这项工作，不用等我”），不好意思告诉美发师我们没想把头发剪那么短（“我不想得罪她，她可拿着剪刀呢！”），或不好意思退掉特大号的床单，我们本来要的是大号（“也许我可以在网上退货”），这些场景都在向我们大脑强调一点：这些对话、这些事件、这些人，都是潜藏的真正危险，而且我们应对不了。使问题更复杂的是，我们失去了有可能证伪的机会。我们没有机会发现，虽然自己在酒吧和同事们交谈时有一两次尴尬的沉默，但他们还是喜欢我们的。我们因担心，坐在那儿一言不发，盘算着要多长时间才能把刘海留长。我们躺在皱巴巴的床单上，对自己的荒唐直翻白眼……对于易焦虑的大脑来说，为避免危险和被拒绝，这些代价微不足道。但是，一次又一次付出这种代价，我们就少了经验和信心，更不用提糟糕的发型了。

吉姆躲着蒂娜大约一年后，邻居家孩子告诉他，蒂娜一家上周末搬走了。吉姆松了口气，同时也惊讶地发现自己很失望。他对自己失望，也失望一切就这样结束了。他发现，逃避成了他应对青春期和成年早期挑战时的首选。他的遗传基因，加上母亲梅芙的影响，以及逃避带来的增强效应，都长久地印刻在了他的脑海中。

快进近 40 年。吉姆 50 岁生日刚过，他的人生便遭遇了低谷：经历了一段漫长而不稳定的婚姻后，他的妻子搬去和另一个男人同居了，留下吉姆独自面对焦虑。“她过去常把我的焦虑说成是‘你的问题’，”他回忆道，“她会对我大喊，‘你需要专业的帮助！’但当我最终去看医生时，她却不再忍受我了。”离婚后，吉姆除了上班，生活中就再没别的安排。整个周末，他都待在家里。他会读历史小说，一方面是喜欢读，但主要是因为不想做其他事。他偶尔会参加家庭聚会、洗礼仪式、葬礼前的守灵等，但从收到邀请的那一刻起，他就开始担心和纠结自己去了要说什么。等到了那天，有时他会临时取消，对着电话装咳嗽说自己病了。

吉姆的堂姐罗莎琳注意到了他的几次缺席，很担心他。她让吉姆别老闷在家里，要走出去，还鼓励吉姆多参加教会活动。为了让堂姐放心，吉姆去了教会，但几周后便不再去了。堂姐又督促他去读书会。看到吉姆摇头拒绝，她说："你不是喜欢读书吗？你必须让自己走出家门！"于是，吉姆周末会去家里的湖边小屋，因为那里没有人。他一个人在湖边，从不跟任何人说话。罗莎琳只能摇头。这不是她想让他做的。

我们很多人的生活中都有个"罗莎琳"，对我们这些有社交焦虑的人的鼓励中，既有轻微的居高临下（"你能做到！"），也有直接的威胁（"你想孤独终老吗？"）。但是，为了弥补由于强烈不安而受阻的有限社交生活，因为"对你有好处"而去社交，无异于被迫吃蔬菜。即使我们心里也一直认为确实应该走出去，但别人越推动，我们就越抵触。另外，这样做似乎也不值得。我们为什么会让步，去参加聚会、派对或志愿者活动？难道是为了让自己担心、焦虑或尴尬？终于能回到家，庆幸一切都结束时，我们才算松了一口气。

但在一个周末，吉姆脑海里想着罗莎琳的告诫，很不情愿地去她家参加了晚上的烧烤聚会。他坐在堂姐家客厅的沙发上，参加聚会的人在他周围转来转去，聊着天，拿着放了汉堡和土豆沙拉的纸盘。孩子们追逐着气喘吁吁的小狗。有个人从他后面走过，突然停了下来，之后传来一个女人的声音：“咦，你怎么会在这儿？”

吉姆转过身——是蒂娜。他扬起眉毛，儿时想躲到灌木丛里的冲动再次冒了出来，但他听见自己脱口而出：“罗莎琳是我堂姐。你怎么会在这儿？”

“你记得吗，我以前住罗莎琳家街对面，我们是朋友啊。”她从沙发后面转过来，坐在吉姆旁边，把手里的纸盘放在膝盖上。

他们开始叙旧。这些年蒂娜过得很艰难，现在，她在当地的交通管理局找到了一份稳定的工作，开始了一段新恋情，终于找到了一个好男人。吉姆告诉蒂娜，他离婚了。

“我真为你难过”，她说，“我们可以单独聊聊吗？”

吉姆的心都快提到嗓子眼儿了。“当然可以。”他声音沙哑地答道。

他们走到门前的台阶上，在昏暗的灯光下并排坐着。她点起一支烟，礼貌地把烟雾从他身边吹走。过了一会儿，她说：“你知道吗，当年我以为你不喜欢我，这让我很伤心，因为我觉得你很好，我喜欢你。我不傻。别的男孩子常来找我，那些年龄比我大的男孩只想和我亲热。他们总来搭讪，我也很烦。但我知道，我和你可以真正地交流，你会认真听我说话，而且你是个绅士，这才是我想要的。我当时就知道，你是我要找的那个男孩。”

吉姆半天说不出话来。“你以为我不喜欢你？”他终于挤出两句，“你正好想反了。”

蒂娜转过身来，久久地望着他。然后她笑了，轻轻打了下吉姆的胳膊。她猛吸了一口烟，说：“如果我知道了你的真心，后来又会怎样呢？”

我是在二月里一个晴朗的冬日，在波士顿的马萨诸塞州总医院见到吉姆的。自从去了罗莎琳家那次烧烤聚会后，他几个月来都懊恼不已，这促使他预约来见我。吉姆本可以轻松地继续他的生活：失去的爱情，失败的婚姻，周末后从家里走出来，在周一清晨的阳光下眯起眼睛……但上次见过蒂娜后，他觉得自己不能再这样了。吉姆告诉我这个故事时，我问他，如果换种情况，他和蒂娜会怎样。他笑笑，望向窗外。“如果我多年前做了相反的事，我们可能都快过30周年的结婚纪念日了。我想要少点儿焦虑，过上自己想要的生活。”他说。

“当然，”我说，“你会的，但要不要换个顺序呢？过自己想要的生活，你就不会那么焦虑了。”

我希望自己能站在屋顶上大声喊出最后一句，用扩音器一遍遍地喊：“你不可能先从这个世界退出，等再次出现时完全变样，就像从毛毛虫变成蝴蝶一样！”相反，我们是在工作和实践中学习和改变的。换句话说，与其读一本教你怎么学会骑自行车的书，不如直接去骑自行车。刚开始你会骑得摇摇晃晃，甚至会摔倒，但最终你的肌肉和大脑能学会骑车，而且之后你永远不会忘记该怎么骑。于是吉姆和我便开始了我们的工作。

如果说这是部电影，那我们期待的转变蒙太奇，就是从汗流浃背的训练场景到决胜之境。在我们的“电影”中，我们会看到吉姆做的日常小事，比如在办公室的复印室和前来复印的同事闲聊；在跑步机上跑步，练习感受自己的心跳加速；与同事坐在一起吃午餐；穿过几道门，走向他第一节舞蹈课……所有这些事看似日常，实则意义深远。如果把镜头对准他的大脑，我们就会看到彻底的转变——20 世纪 70 年代吉姆在多切斯特习得的信息在重组，他将建立起新的自信，最重要的是，建立起打造一个朋友圈的愿望和信心。

我要明确一点，吉姆的改变之路并不是我想象出来的，我和今天其他研究焦虑的专家们只是站在了前辈巨人的肩膀上。几十年来，勤奋专注的研究人员在实验室和临床试验中潜心钻研，他们的发现改变了人们的生活。今天，全心投入、努力工作的科学家，正在勇敢地应对资金不足、越来越多的监管，还有过去的学者难以想象的残酷的工作节奏等问题。尽管如此，他们在实验室里获得的新知识是无价的。神经科学家正在用更强大的技术，窥视社交焦虑者的大脑，观察神经元网络像烟花一样闪耀和平息。进化心理学家从理论上解释了为什么社交焦虑要追溯到远古的先人。发展心理学家从产科病房追踪到大学宿舍，甚至更远，探索人一生中社交焦虑的发展情况。当然，临床心理学家也在不断探索如何利用我们的思想、行动和身体来重获新生。让我们一步步来。

再回到周日晚的舞会，真由美伸出双手，在舞池里等着。吉姆很有礼貌地穿过人群，走进舞池。要在几年前，吉姆在周日都不会走出家门，更不用说穿过一大群人进入舞池了。他也绝不会和不熟悉的女性共舞，而且周围全是镜子和别人的目光。但这不是几年前，这是现在。

吉姆停在真由美身边，伸出手去，她接过他的手。托马斯一按按钮，《月亮河》的旋律流淌出来。是华尔兹。一，二，三；一，二，三……真由美和吉姆翩翩起舞。他们在舞池中转来转去，40 多双友好的眼睛跟随着他们的舞步，吉姆的一颗心，因自豪和满足而感到温暖。音乐停止时，热烈的掌声响起。有人吹口哨，还有人喊：“生日快乐，吉姆！”人群围了上来。吉姆沉浸在和朋友们的握手、拥抱中。托马斯隔着音响设备喊：“跳得真好！生日快乐，吉姆！好了，女士们、先生们，让我们来跳恰恰！”学员们开始组对跳舞，吉姆走到一张桌子旁，坐到了折叠椅上。他想，“过去 4 年里，我认识的人比之前的 52 年都多”。他环顾四周，深呼一口气，心里想：“我还是不敢相信我在这里！”

如果你从没想过跳舞，没问题，具体什么活动不是重点，关键是你的内心要有增长技能和培养自己尝试渴望之事的意愿。要知道，在内心深处，你已经很好了，即使有些时候焦虑可能让你觉得自己不够好。你可以选择在舞池里跳舞，可以选择在会议上发言，可以选择与任何人交谈。你的内心拥有这股力量，知道即使事情不能如愿，你也能处理好。

和吉姆一样，你可以挑战自己在成长中学到的东西，在大脑中重新连接那些旧的神经元。这里的重点是：你可以在不改变自己的情况下成长和发展。还是同一个你，保持所有使你成为你自己的品质。吉姆从未改变过他的本性。他仍会倾听你的忧虑，对林登街之外的世界充满好奇，对身边亲近的人深为关心，唯一改变的只是原有的恐惧。

生日那天晚上回到家，吉姆看了电视剧《摩登家庭》。索菲亚·维加拉饰演的格洛丽亚正在安慰泰·布利尔饰演的菲尔。剧中，菲尔闷闷不乐，他对自己很失望。一次社交场合的翻车事件后，他试图扮演超级英雄来挽回声誉，却让事情变得更糟、更尴尬。格洛丽亚对他说："关键是你要让自己觉得舒服，这样才能让周围的人舒服，他们才会觉得可以和你交谈。那才是你的超能力。"

吉姆说："我意识到，这就是我。"

吉姆过去只有和几个亲人在一起时才感觉自在，其中包括弟弟瑞安和堂姐罗莎琳。现在，他和很多人在一起时都很放松，比如同事、健身房和舞蹈工作室里的人。随着他越来越放松，他的圈子也越来越大。反过来也是一样。吉姆接触的人越多，他自己也感觉越来越放松。

这是否意味着他不再焦虑？当然不是。这是否意味着他在任何情况下都有信心？绝对不是。但这一点重要吗？我们再来问下吉姆。

吉姆说：“每次走出家门时，我仍会感觉到胃里那种熟悉的刺痛，这种感觉已深入到了我的内心。尽管知道自己会紧张，我还是会去做自己想做的事。”

我们的目标不是在舞池里跳舞或是在头上戴个灯罩，而是用自己的方式挑战自己。你将带着焦虑过上自己想要的生活，方法就是始终带着焦虑。当你这样做时，焦虑才会慢慢消失。

一切都不会变。一切又都会变。

2015 年的冬天，吉姆患上了肺炎。新闻里一直在滚动播放厚厚的积雪和政府官员压力重重的画面。罗莎琳用一个雪地轮胎把吉姆送到了医院。医生检查了吉姆的肺和喉咙，然后询问了他的生活节奏。

“等等，”医生说，“你说自己 56 岁了，工作日都在工作，每天会去健身房，周末还和几十个女人一起跳舞？”

吉姆从没想过这些：“是呀。”

医生看着他。他对吉姆说了些要倾听自己身体信号的话，但吉姆正忙着体验那美妙的一刻。我总向来访者承诺，会有这么一刻，我一次次见证过这一刻。通常的过程是：在成长、练习和挑战自己时，你注意不到自己的焦虑在实时变化；只有在转变之后，你再回头去看时，才会意识到变化后的不同。那一刻就是：你意识到，“我以前绝不会挥手让服务员再拿块餐巾”；或者，“等等，我刚去参加了个节日派对，都没想要找无数借口待在家里”；或者，“我想不起来上次周末一整天都待在家里是什么时候的事了”；或者，医生惊讶地看着你，告诉你要悠着点儿。

第 2 章

社交焦虑能给我们带来什么好处？

有口吃的人绝不是废物，生理学能告诉你为什么。
在同伴面前过于敏感才会结巴。

——托马斯·卡莱尔给拉尔夫·瓦尔多·爱默生的一封信，1843

除了可以提高止汗剂的销量和《周六夜现场》的收视率外，社交焦虑似乎没什么用。但请记住这两个数字：我们中有 40% 的人认为自己很害羞，13% 的人在人生某个阶段有社交焦虑。这告诉我们，社交焦虑不是源于人类进化的疏忽。大自然试图告诉我们，我们当中的壁花（喻指“在聚会上因腼腆待在一旁的人”）和躲在暗处的紫罗兰（喻指“害羞的人”）都是美丽的人类花束中不可或缺的一部分。

每年 9 月从脸书上的照片可以看到，我们这些住在新英格兰的人通常会在秋天去苹果园“亲手摘下自己种的苹果”。作为这个群体的一员，我经常会在秋天的午后想到苹果树。

你可能以为，苹果树越大、越茂盛，结的苹果就越多。但事实并非如此。苹果树需要修剪，而且是大量修剪，在它们还是幼树时就必须修剪。你可能认为修剪过多会影响苹果树的生长，但事实正好相反：修剪能让空气和阳光进入，结出更多果实。相反，让树过度生长，就不会再结果。

为什么要说这些呢？我们可以把衡量他人的情绪、观念和意图，并做出适当回应的能力称为“社交意识”。社交意识很有必要也很有益，就像在运用读心术。适当“修剪”社交意识，可以产生社会效益；但如果社交意识疯狂生长，不受约束，那它就成了过度社交意识。如果我们过度解读社交场合，认为聚光灯晃眼地照在自己身上，这就有点偏执妄想了。别人的每一个眼神和动作我们都往心里去，从每次人际互动中我们都看到了威胁，这会让我们退缩或沉默。简单说，社交意识过度发展，成了严重的社交焦虑，就像疯长的苹果树，已经无法结果。

社交焦虑没什么用，它根植于我们说的社交意识，或是我稍后要讲的行为抑制。这些核心特质很重要，所以进化才确保了人生来就有让这些特质过度发展的倾向。

那么，什么样的性格才能从种子成长到开花结果呢？为什么这些核心特质如此重要？像苹果树一样，这些核心特质过度发展会怎么样？修剪后又会怎样？为了回答这些问题，我先讲讲辛西娅的故事。

1980年2月，来自波多黎各的褐发美女辛西娅，正在哈佛大学心理学系（美国历史最悠久的心理学系）攻读博士学位。她还需要学习一年。哈佛大学心理学系成立于100多年前，创始人是美国心理学之父威廉·詹姆斯。高三时，辛西娅上了门心理学课，就像一下打开了灯的开关一样，她知道自己找到了未来的事业。第二天，她将与导师、著名的发展心理学家杰罗姆·卡根博士会面，向导师汇报自己博士论文数据收集的进展。她期待告诉导师自己的研究数据又增加了，上次和导师见面后她又研究了不少受试者。

现在我们来换个场景。21个月大的詹妮弗，穿着一件鲜红色的滑雪服，牵着妈妈的手出现在实验室的门口。辛西娅的研究领域是儿童发展，所以当其他研究生在研究老鼠，或者为方便取样研究哈佛大学的本科生时，辛西娅需要从波士顿当地医院的新生儿中辛苦招募自己的研究对象。詹妮弗就是其中之一，她现在已经快两岁了。辛西娅热情地向詹妮弗和她妈妈打招呼，蹲下身和詹妮弗交流。面对辛西娅的微笑，詹妮弗理都不理，她转过身把头埋在妈妈腿里。辛西娅还没完成数据收集，但当她亲切地看着詹妮弗那沾着雪花的小后脑勺时，她凭直觉知道今天会有所发现。

辛西娅用几个文件向詹妮弗妈妈快速解释了一下她的研究目

的。她说："我们将让詹妮弗尝试一些适合她年龄的、有挑战性的活动，这些也是她在现实生活中会经历的：你和她将在一个新的空间里玩耍，看到一些新事物，新认识一个人。这些体验的难度会按梯度一点点增加，我们想知道詹妮弗会做何反应。"詹妮弗妈妈点头表示同意，她和辛西娅一样渴望了解自己的孩子。辛西娅带着她们穿过一道走廊，来到一间温馨的游戏室。游戏室里摆满了娃娃、游戏用食物和用具、毛绒动物玩具，游戏室另一头的角落里挂着一个神秘的帷幕。

接下来的一个小时，詹妮弗一项一项地接触到了新鲜事物。先是辛西娅在玩新玩具，詹妮弗选择坐在妈妈的膝盖上，睁大眼睛看着。辛西娅摆好桌子，很有仪式感地给两个娃娃端上游戏用食物。"这是你的煎蛋，朋友！""你要来点儿吐司还是来个苹果？"她把三只毛绒动物放在一起，然后假装天开始下雨。"哎呀！"她喊道，"我们可不要淋湿了，朋友们！"她举起一只手，手掌朝上，皱着眉头，好像在看一片不听话的灰色天空。她拉过一条婴儿毛毯盖在自己和毛绒动物身上，防止大家被想象中的雨淋湿。自始至终，詹妮弗都带着严肃而专注的表情看着这一切，眼睛注视着每个动作，像海绵一样吸收着辛西娅的表演。詹妮弗的身体没动，但可以看出她的内心好像有轮子在转。

之后任务变了。辛西娅把詹妮弗介绍给了一个陌生人，这个友好的研究生邀请詹妮弗来玩小钉板和粉色拼图。詹妮弗犹豫了很久，最后拉着妈妈去玩，一边尝试哪块拼图该放在哪里，一边让妈妈留在她身边。

最后一项任务：当神秘的帷幕拉开时，詹妮弗看到了一个新物体，也是这个研究的点睛之笔——一个60厘米高的锡罐机器人，它有弹簧手臂，头上装饰着圣诞彩灯。詹妮弗对此很好奇，但也很谨慎。辛西娅鼓励她接近机器人："看，机器人的头上有灯，是不是有点儿傻？你可以用这个来开关灯。"詹妮弗壮起胆子，伸手按动了开关，灯一亮，她笑了。她来来回回地按动开关，看到灯一开一关她很开心。但突然间机器人开始说话了："你好。"一个男人的声音响起来，"你愿意和我一起玩吗？你看我的眼睛也在发光"。詹妮弗立刻退缩了。辛西娅鼓励她再按一次开关，但詹妮弗现在很警惕。她冒险试过了，现在又选择回到妈妈身边。

总之，辛西娅需要表演这个场景多达117次。她将为117个不同的孩子端上鸡蛋，表演雨来了，再展示出机器人。这117个孩子中大约有1/3的表现像詹妮弗那样；还有1/3的孩子表现完全不同——他们会直接跑进游戏室去探索，开始下雨时他们会选择和辛西娅以及毯子下的毛绒动物在一起，还会和玩粉色拼图的研究生聊个不停，当机器人开始说话时，他们会高兴地尖叫。在研究这117个孩子的过程中，辛西娅也看到了从谨慎到大胆、从害羞到爱交往的两种表现方式。

辛西娅从詹妮弗的行为中具体看到了什么？1984年，辛西娅在权威期刊《儿童发展》上发表了她对117名儿童的研究发现，在心理学界首次提出“行为抑制”一词。今天，行为抑制被定义为一种个性特征，核心意义指一个人在面对陌生的人、场所和事件时的谨慎程度。

当然，行为抑制不仅限于蹒跚学步的孩子。对于任何生物，从细菌到蜥蜴，从詹妮弗到你和我，在面对新事物时，无论是新环境、新的食物、新的工作邀约，还是有粉色拼图的陌生人，行为抑制都会提醒我们要停下来想想。它让我们三思而后行，让我们远离危险。

进化使行为抑制一直存在，如果修剪适度，行为抑制能帮助我们保持安全。社交意识也是如此。因此，尽管社交焦虑并不令人愉快或有用，但它的源头——社交意识绝对有用。

更进一步讲，即使少量的社交焦虑，也是有帮助的。社交焦虑究竟能为我们带来什么呢？从进化的角度看，它带给我们很多。人类是社会性动物，与老虎或熊不同，我们需要在群体中生活。在人类的狩猎和采集时代，我们依靠群体获取食物和住所、寻找水源、制造工具。不论是抚养后代，还是维持个人的生命，都需要全村人的集体努力，才能确保这个群体繁衍生息、世代延续。因此，避免冲突和被视为有贡献这两点至关重要。保持自己地位的方法就是努力工作、交朋友、被人喜欢。为确保这一点，少量的社交焦虑能带给我们两件必需品。

第一是群体和谐。我们很容易注意到别人对我们的评价，因为个体有适量的社交焦虑，才能保持社会的凝聚力。具有凝聚力、能避免在内部冲突上耗时耗力的群体比饱受内斗的群体反应更敏捷，也更有生命力。随着时间的推移，和谐的群体将会战胜易怒的群体。因此，与其让一个浑蛋拖垮整个团队，还不如人人都与他人和睦相处，这是更明智的进化策略。

第二是个人安全感。如果你是那个浑蛋，会怎样？“放逐”“流放”“驱逐”，不管用什么词，意思都是把威胁到来之不易的群体和谐的个体清除掉，这在不同时代、文化，甚至物种中是被广泛使用的（如黑猩猩、狮子和狼）做法。

在人类早期，放逐等于必死无疑。《圣经》里有很多以流放为结局的故事，作恶者从众人中被清除出去，抛下他独自与豺狼搏斗是对他最大的惩罚。所以，还有什么能比让我们免于被抛弃的认知系统更有用呢？即使在今天，“排除”的重要作用也显而易见。在那些有严格限定、组织严密的群体中，“我们”与“外面”界限清晰。比如阿米什人的回避制度：如果你犯了错，被人回避，在承认错误之前，你所有的社会联系都会被停止。其他人不会和你一起吃饭，也不会和你说话。

但现代的“流放”不仅局限于传统的宗教领域，在体育界被官方禁赛的有彼得·罗斯、唐纳德·斯特林，在政界被踢出局的有安东尼·韦纳、约翰·爱德华兹，在商界引起诉讼的有杰弗里·斯基林、伯纳德·麦道夫。即使在今天随时都有饮用水，在线购物也可以送货到家，我们仍需要群体提供我们必需的社会交往和爱。

说到爱，少量的社交焦虑会让我们成为更好的伴侣，让我们更有觉察力、更体贴、意识更强。你可能在想，先等下，社交焦虑让我表现得怪异尴尬，它应该是排斥伴侣的。我懂你的意思。当你第一次约会在尬聊时，社交焦虑似乎毫无用处，但借用达尔文的术语，这就像猫的“喵喵”叫。社交意识和行为抑制关系到维系和谐与安全，所以对大自然母亲来说，偶尔过火的风险也是值得的，毕竟依据达尔文主义，有繁殖才能胜出。社交焦虑带来的不安可能让人不适，但从大局看这只是小代价。有了高度敏感的“社交烟雾探测器”，我们的基因就更有机会遗传下去。即使有假警报——在没危险时探测到社交威胁，也不会让我们付出基因上的代价；但面对真正的社交威胁，则意味着可能会被扔进狼群，我们的基因会有灭顶之灾。换句话说，社交焦虑能作为一种进化优势代代延续，就是因为它成本低、收益高。

总之，社交焦虑之所以能存在数千年，是因为从进化的角度看，它带来的好处比我们付出的代价要多。它能使社会平稳运行，确保我们是群体中的一部分。即使在有外卖和亚马逊会员的时代，群体也能提供我们必需的陪伴和归属感。它赋予我们自我意识、同理心和体贴等特质，使我们成为可靠的长期伴侣，从而确保我们的基因得以延续。

如果你有太多的行为抑制、太多的社交意识，别担心，振作起来，太多比太少好。还记得苹果树吗？枝繁叶茂、需要修剪的苹果树，远好过干枯死亡的苹果树。正如本章开头提到的托马斯·卡莱尔的那句话，在同类面前"过于敏感"，要好过完全不敏感。

那么，社交焦虑相当于需要修剪的苹果树吗？我们这些有过度社会意识和行为抑制的人怎样才能找到自己的最佳状态呢？为了找到答案，我们再来看看辛西娅和她的 117 位研究对象吧。

纵向研究在科学界很少见，但在辛西娅收集了她的博士论文数据后，她所在的卡根实验室继续跟踪研究了这些研究对象很多年。20 世纪 90 年代初，这些孩子长到 13 岁时，他们中的一些人受邀回到实验室，接受关于青春期恐惧的采访，害怕的内容包括蜘蛛和结交新朋友。他们的性格截然不同，大约有一半人在研究之初被归为有行为抑制，如詹妮弗，另一半则没有行为抑制。研究结果很有趣。你可能认为有行为抑制的孩子什么都怕，而没有行为抑制的孩子什么都不怕，但结果并非如此。事实上，在典型恐惧（如恐高症、电梯恐惧症或牙医恐惧症）方面，两组间的差异为 0。与 10 年前相比，在对父母的依恋程度即分离焦虑方面，两组受试者也没有差异。

有行为抑制的和没有行为抑制的两组受试者之间唯一的真正的区别是什么呢？就是社交焦虑。有行为抑制的孩子中有34%的人有社交焦虑，而在没有行为抑制的孩子中这个占比只有9%。尽管对没有行为抑制的孩子来说，9%的比例似乎也很高，但别忘了，13岁可能是人一生中最尴尬的年龄——13岁的孩子已经发育，但又不成熟，性欲旺盛又极度敏感。从这个角度看，难怪相当比例没有行为抑制的孩子会出现社交焦虑。

但更引人注目的是两个比例之间的差异。相比而言，苦于社交焦虑的有行为抑制的孩子，是同样有社交焦虑但没有行为抑制的孩子的3倍多，他们是过于茂盛的苹果树。行为抑制虽然在很多方面都很有用，但也更有可能造成了他们整个童年时期的社交焦虑。

那么，66%有行为抑制却没有社交焦虑的孩子是什么样的？行为抑制已深入其骨髓，但他们仍感觉表现正常，这又是为什么呢？这就是甜蜜点。由于过去几年为“安静”正名的呼声高涨，这些人有了自己的名字：内向的人。

内向的人终于迎来了属于自己的这一天。过去几年，安静和内向不仅得到了认可，还成了一种潮流，像艾米·舒默、盖伊·川崎和金·卡戴珊这些看着最不内向的人，都自称有内向的一面。我还记得在读苏珊·凯恩的畅销书《安静》时的那种吃惊。

她怎么知道我更喜欢阅读而不是聚会？她怎么知道我喜欢独自工作而不是被迫合作？可以肯定的是，我也喜欢社交聚会，但事后必须休整一下。一天里我需要不时与他人互动以免无聊、孤独，但我更喜欢一对一的交流，而不是面对一大群人。

你可能是个内向的人，但不焦虑。你可能喜欢独处或者和熟悉的人聚会，但在陌生人或职位更高的人面前你也可以很自在。你可能不喜欢大型聚会或招待会，因为这些活动会消耗你的精力，但不是因为焦虑让你想躲在餐桌底下。你可以做到自信和自在。

你也可能是个外向的人，但有社交焦虑。在卡根实验室的后续研究中，有 9% 的孩子属于这一类，而你恰好也是其中之一。这非常痛苦。想象一下，你要从别人那里获取能量，但同时又害怕他们。例如，你可能真的想和同事一起去酒吧，但又担心他们不希望你去；你可能喜欢聚会，但又总担心自己会说蠢话；你可能也想被拉到麦克风前，但又被观众吓住了；你可能很想和朋友一起过周末，但最后一刻却因害怕临时取消，这让你背上了“古怪、不靠谱”的名声。最重要的是，内向的人会觉得独处让人精神振作，而外向的人觉得是纯消耗精力——太多独处的确会让外向的人丧失精力和动力。怎么选择都不对？你不是懒洋洋地孤独着，就是感到尴尬和害怕。

虽然对于有社交焦虑的外向的人来说，这种感觉就像是进退两难，但没人会把“外向”和“焦虑”弄混淆。而内向和社交焦虑的界限却很模糊。有社交焦虑的内向的人很常见，所以这两个词经常互换使用，有时社交焦虑甚至被认为是一种极端的内向。虽然是行为抑制导致了内向和社交焦虑，而且这两种特质经常出现在同一个人身上，但二者在概念上实际有很大差异。

我们不仅要尊重内向性格，而且要克服社交焦虑，但二者之间的界限是什么呢？有以下 4 点。

第一，内向是天生的，而社交焦虑是后天的。吉姆和詹妮弗出生时就有行为抑制，但请记住，吉姆的社交焦虑源于基因和习得。

比如你被人欺负，就会知道有些同龄人刻薄、凶狠；也许你认为永远不要寻求帮助，因为父母警告过你，求助会让人觉得你很软弱；也许你生活在外向性格被美化的西方文化中，就像苏珊·凯恩说的那样，这会让你的安静个性显得“异常”。不管社交焦虑如何进入你的大脑，你莫名学会了相信别人会评判你，发现你的不足。

当然，就像吉姆躲避蒂娜一样，你也学会了逃避。也许在你还是个孩子时，成为众人的关注焦点让你感到很不舒服，从那以后你就一直在逃避，从而没有机会认识到，你能处理好被人关注这件事。也许会议一结束，你就会马上走掉，好避开接下来的闲聊；你会假装生病，这样就不用参加节日聚会了；你只要紧张就会盯着手机看……这些行为无意中都会把你困在原地，让你没有机会发现社交并不像你想的那么糟，也许，只是也许，你能做到。

第二，对于内向的人来说，独处会让你感觉很好。但对于社交焦虑，独处只会让你感觉没那么焦虑。这种差别很细微，没那么焦虑的感觉也很好，但让我们再细看下。内向的人通过独处、一对一相处、和一小群信任的知己相处来获取能量。如果你性格内向，独处会让你精神振奋，电量充足。相比之下，应对社交焦虑时，选择独处让你没那么焦虑，这会让你感觉不错，但这是种解脱感而不是满足感。你会对自己说“我不在意”，但在内心深处，逃避社交会让你感到孤独、充满遗憾。你可能不会参加自己其实想去的活动，因为你担心会出丑、不被接受或感到尴尬。你会对自己说“我太害怕聚会了”“我担心自己会说蠢话”“我总觉得没话说”，而不焦虑的内向的人会说“这种场合不适合我”“这不是我的风格”，然后第二天再邀个朋友一起玩。

第三，社交焦虑因完美主义愈演愈烈。我们将在第 13 章讨论这一点，这里可以先了解一下。因为完美主义，你认为自己的社交表现非黑即白。你认为只有完美的社交表现才不会受到他人的严苛批评。你要么表现完美——机智幽默、能言善辩、泰然自若，要么就是个结结巴巴的白痴，每个人都会嘲笑你，转身背对着你。这种压力让人很无力。我们以为自己若是成不了风趣幽默的社交人的典范，就不会受欢迎，结果越发沉默不语。

相比之下，对于不焦虑的内向的人（或不焦虑的外向的人）来说，完美主义不是事。为什么呢？因为在他们看来，不存在什么社交表现的问题，自然也不会受到评判。你可以在演讲时卡住，对话时思路受阻，没准备好谈论其他话题，这并不能说明你有什么不好，你也没什么大损失。在生活中，有些对话有趣流畅，也有些对话粗俗平庸，但对话并不能反映出你是什么样的人。

第四，内向是你的处世方式，而社交焦虑会影响你的生活。近年来，支持内向性格运动的负面影响之一就是，一些内向的人认为，因为自己内向，所以可以逃避社交。但是用内向做逃避的理由，这就不再是内向了。例如，我的一个来访者桑杰，他在失去大部分朋友后来找我。他自述性格内向，事实也如此，但我发现他有意拖延回复别人的电话和短信，害怕群体聚会，常常在最后一刻取消活动，说自己身体不舒服或者太累。他的合理化解释是，因为性格内向，他需要"充电"恢复。他确实内向，但他也在回避朋友。他痛苦地发现，如果自己一次次说"不"，最终朋友们就不会再请他了。幸运的是，他又把朋友们拉了回来。现在的他，就像他顽皮地笑着说的那样："过着内向的人喜欢的丰富的社交生活。"

记住，社交焦虑是对暴露的恐惧，而我们为避免暴露所做的事都会成为阻碍。你担心自己发言时双颊会变得像煮熟的龙虾一样红，于是保持沉默。你以为自己的双手会抖得厉害，于是把双手牢牢交叉放在胸前，像在大声对所有人说“走开”。因为害怕暴露，你早早溜出了毕业派对，你确信自己很怪异，觉得没什么好说的，或者担心马上就得邀请同学跳舞了。但之后，你又会遗憾错过了毕业派对上的蛋糕，更遗憾错过了这个值得纪念的美好时刻。你错过这一切，要么是因为你缺席，要么是因为你本人在场却陷入了自我监控模式，担心自己说蠢话或者把事情搞砸。这就是为什么社交焦虑会阻碍我们过上想要的生活。

相比之下，没有社交焦虑的内向的人很自信，他们对自己的表现也感觉良好。必要时他们可以打开“开关”去社交。打开“开关”是需要付出努力的，之后他们也需要充电，比如第二天窝在沙发上看书，或者和最好的朋友出去吃早午餐。但他们不怕暴露，因为没什么好隐藏的。这类人也可能会提前离开聚会，但他们不是因为自我批评或自我意识过强。说实话，很多人都喜欢回家读书，玩玩吉他或者在厨房里做家务——家里没有评判，也没有自我鞭笞，也不用说服自己不在乎。选择待在家里，但不是因为恐惧。

如果你不确定自己属于哪一类人群，试着想象下如果你感到舒适自信，你的社交生活会是什么样。如果你的想象与你的现状不同，那很可能是因为焦虑，而不仅仅是内向。但社交焦虑不会让我们陷入困境。就像詹妮弗一样，我们可能生来就带有某种预设的性情，但这并非改变不了。就像苹果树一样，我们可以修剪掉过度的社交意识。如果我们愿意做新的尝试，而且关键是，在此过程中我们若是能得到支持，就可以展现出自己最好的一面：责任心、同情心、深度思考、深刻感受，以及高标准等。

很幸运我亲身体验过这些，我从发起该研究的辛西娅那里得到了支持。

辛西娅·加西亚·科尔博士是一位杰出的发展心理学家，她已在布朗大学担任教育学、心理学和儿科学的教授30多年。我写本书时，她兼任《儿童发展》期刊的编辑。1984年，她那篇有关詹妮弗和其他176名儿童的前沿性论文就是发表在这本期刊上。科尔博士是一位开创性的学者，她的工作不局限于期刊论文的写作。我的亲身体会是，无论走到哪里，她都会关心和理解我们这些有行为抑制的人群。

1998年秋，我上大四时，科尔博士负责讲授“儿童发展理论和历史”这门课程。虽说是研讨课，但这个班很大，在我记忆里至少有30来个学生。助教每次都早早到教室，把几十张课桌排成一个大圆圈。我记得，当时我总觉得自己很扎眼，所以通常爱坐在大教室中间的某个地方。科尔博士总是脚步轻快地走进教室，自信地坐在一张课桌旁，精致的围巾搭在她的西装上。她周围的空气都充满了智慧。她讲课不用板书，引用研究结果就像在罗列她早餐吃了什么一样轻松。我着迷地看着、听着，但从没举手发过言，随着学期课程推进，这一事实也越来越沉重地压在了我肩上。

学期只剩最后几周，科尔教授在一节课结束时突然对我说："如果你在众人面前发言有困难，请在办公时间来找我，来之前提前告诉我一声。"我大吃一惊，以前从没有哪位教授这样说过。她没做进一步解释。我不确定她会给我一张通行证还是最后通牒，也不确定她会告诉我不要担心，还是最好早点儿开始发言。我只知道她是在对我说话，所以我去了。

尽管12月初的天气已经很冷，但我还是紧张到浑身发热，就像把手偷偷探进饼干罐被逮了个正着一样。我在科尔教授的办公室门口徘徊，她示意我进来。我含糊地说出我去找她的理由后，她摘下眼镜看了我一会儿，说："好的，谢谢你告诉我。"她当时肯定还问了我上课怎么样，以及我最终的研究项目打算做什么，但这些我都不记得了。我只记得，由于焦虑情绪的过滤，我认为她对我的表现很失望，或者对我没勇气发言感到很生气。现在我知道，事实并非如此。

直到我开始为写这本书做研究，了解到科尔博士的研究起源，并直接采访了她，我才明白她当时为什么邀请我（其实还有其他人，但当时我以为只有我自己）说出自己的困难。简单地说，她是理解我的。我现在意识到，她摘下眼镜看着我，那不是责备，而是认可和理解。如果我也是她研究的儿童，我很可能是詹妮弗，会退回到妈妈身边。

我现在知道，12 月的那一天，在我离开科尔博士的办公室后，她更加仔细地看了我的学习档案。采访中我说起自己当年的经历时，她告诉我："在班里有些人不举手或很难做到畅所欲言，所以我需要用不同方式去评估他们的互动和参与。"她没有扣我的分，而是通过我的作业、测验成绩和期末项目来评价我对学习材料的理解。她知道我像海绵一样在看在听，就像詹妮弗在一旁专注地看着洋娃娃们那样。

我们中很多人会随着时间自然地改变。想想那 40% 的人，包括我在内，都会说自己"以前很害羞"。性格不是一成不变的，基因也不是天命。正如科尔的博士论文导师杰罗姆·卡根博士所写的："基因、文化、时间和运气共同塑造了我们。"

我们可以把性格想象成锚，锚上有一条长链拴在我们的船上，但锚不会让船静止不动，相反，有了锚我们的船才可以在广阔的范围里航行。积极经历可以推动我们向广阔范围的一端前行，而恐惧和逃避只会让我们在另一端上下颠簸。詹妮弗长大后可能会内向而不焦虑，她可能会让自己在社交场合打开"开关"，之后在独处时享受"充电"的乐趣。她可能不会选择去当邮轮上娱乐活动的导演，她也不需要，她可以把这份工作留给那些跑进辛西娅的游戏室、被机器人迷住的孩子们。的确，基因和环境不断地相互作用，环境总是在变化，波浪在翻滚前行。詹妮弗和数百万像她一样的人可以利用环境来做实验，实践无所畏惧的生活，最终成为自己想成为的人，同时保持真实的自己。

结论就是，社交焦虑可以被改变。改变社交焦虑不会改变内向（或外向）性格，事实上也不需要改变。当你不断前行时，你不会变得不像自己，你只会变得没那么焦虑。所以，让我们甩掉挡在前行路上的社交焦虑，保持适合自己的个性。我们不会也不想去改变你。

不相信吗？那让我们来问问脑科学家。

第3章
社交焦虑的大脑里有什么？

在自己成长发展的旅程中稳步前行，你的生活就会发生改变。你会惊讶地发现：你开始在课堂上发言；你会问陌生人她的漂亮鞋子是从哪儿买的；你会有礼貌地反驳你岳父的政治演说；你会告诉同办公室里的人今天是你的生日，而不是默默地希望最好没有人记得。

这里引出一个问题：在我们成长和发展的过程中，我们的大脑都经历了些什么？事实证明，你经常做的事可以改变你的大脑，不论是开出租车还是拉小提琴。幸运的是，锻炼社交自信心同样可以改变你的大脑。

等等，我们不是刚用了一章来证明社交焦虑是写在基因里的吗？我们不是刚刚了解到是自然选择巩固了社交焦虑在人类这个物种中的地位吗？仅仅靠与出租车司机聊天，怎么就能抵消基因和进化的双重力量呢？

请记住：基因不是命运。大脑的确通过基因编程和进化来影响我们的行为，但这种影响是双向的——行为同样会影响大脑。

这些都是好消息。这意味着通过实践和认知行为疗法[①]，你可以克服社交焦虑，做回你自己，做真正、真实的自己。

举个例子。几年前，斯坦福大学一个研究小组发表了一系列研究结果，发现针对社交焦虑障碍患者的认知行为疗法从根本上改变了大脑一些区域间的连接，这支持了“大脑原连接不会决定人的命运”这一观点。

但连接是如何改变的呢？有社交焦虑的大脑与没有社交焦虑的大脑有什么不同？当我们把自己推到性情变化范围的顶端时，大脑里会发生什么？到底是什么在神经网络中发挥作用呢？

为了回答这些问题，想象一下你要去参加一个家庭聚会。离开家之前，你在纠结是去还是不去。你差点儿要给聚会的主人发

① 本书是基于认知行为理论的。认知行为理论的基本观点如下：你的思维方式和行为方式会影响你的感受，因此，改变你的思维方式和尝试新的行为，你将会有不同的感受，你不会再那么焦虑，也更乐意出现在以往让你感到紧张的场合中。

信息说很遗憾去不了了，但你还是鼓足勇气，在卧室的镜子前摆出了一个“神奇女侠”的姿势，然后大步走出门。

但当你来到聚会上，环顾四周时，你觉得自己不该在这里，因为你看不到任何熟人。你的胃开始收紧。终于，你找到了一个自己的朋友。她看到你时眼睛一亮，走过来，接过你的外套，拥抱了你，把你带到厨房，告诉你这里有饮料，之后就快步走开，把你的外套放在了另一个房间。她的离开就像是“泰坦尼克号”上最后一艘救生艇开走了，你被抛在陌生人的海洋之中。你一边穿行在人群中，一边说“对不起，借过”。你给自己倒了杯酒，站在一盘薯条和七层蘸酱的旁边，你大脑里的战斗开始了。

所有口味的冰激凌，常见的有香草口味，还有芥末培根口味等，都是由奶油、鸡蛋和糖制成的。所有的焦虑，从怕黑到惊恐，再到社交焦虑，也都是由大脑中同样的恐惧反应造成的。当你站在七层蘸酱旁，感觉自己无话可说，需要努力克制离开的冲动时，你的神经突触就像跨年夜的时代广场一样被点亮了。哪里被点亮了？有什么影响呢？让我们往大脑里面看一看。

想象用一条线把你的头在两耳之间的直线距离上进行等分。在你的每只眼睛后面，都有一对被称为杏仁核的神经组织。杏仁核的功能很多样，它更像小黑裙，而不是男士的宽腰带，它是消化系统、生殖系统、成瘾系统的一部分。虽然它不是大脑中负责处理恐惧的唯一部分，但它是恐惧系统的关键。它负责接收感官信息，如看到咆哮的狗、听到公交车疾驰而来，就会马上做出反应。它是我们的火灾报警器，专门用于探测威胁、对威胁做出反应。

杏仁核不仅会对紧迫的身体伤害威胁发出警报，如果把咆哮的狗换成咆哮的陌生人，警报器同样会大声响起。对我们这些易有社交焦虑的人来说，不需要咆哮，只要有个陌生人就够了。

事实上，卡根实验室上一次对詹妮弗这些当年有行为抑制的儿童和没有行为抑制的儿童进行跟踪调查时，他们已经 21 岁了。研究人员对他们进行了磁共振成像扫描，目的是观察他们的大脑，看看根据哪些结构和功能可以区分开这两类人群。为此，研究小组制作了一系列不同面孔的幻灯片，一张接一张出现在屏幕上。成年的詹妮弗和其他人在扫描仪中看到一个又一个陌生人的面孔闪过。接着，有些面孔开始重复出现，可能会出现两次、三次或更多次，直到最终不再陌生。看到这些多次出现的面孔时，有行为抑制和没有行为抑制的人群没有差异，他们的大脑都没有明显的反应。当一张全新的面孔突然出现在屏幕上时，没有行为抑制的人群的杏仁核依然平静，而有行为抑制的人群的杏仁核则像车头大灯一样亮了起来。对于有行为抑制的人群而言，一个陌生人，无论是他们小时候见到的那个有粉色拼图的陌生人，还是磁共振成像扫描仪上的一张照片，都同样具有威胁性。

那我们这些有社交焦虑倾向的人，是否注定要在杏仁核引发的警报中度过一生呢？并不是。把手放在额头上，就像在看你发没发烧，你手掌对着的部分是前额叶皮层，这部分大脑对应的功能是责任和各种高层次思考。它会提前计划，朝着目标努力，做出决定，并压制不可接受、不宜表露的冲动。更重要的是，前额叶皮层的特定区域可以让杏仁核摆脱社交焦虑。它可以让杏仁核明白，老板发脾气不是因为生你的气，而是他因为有交工期限的压力。如果约会对象对你没兴趣，你也要明白“天涯何处无芳草”，总有人会喜欢你。

但对我们这些有社交焦虑的人而言，前额叶皮层不会像那些没有焦虑的人那样善于关闭警报。首先我们的大脑需要更长的时间。假设朋友没给你回短信。在没有焦虑的人的大脑中，杏仁核一尖叫说“她讨厌我”时，前额叶皮层就会平静地指出，对方可能只是在忙，很快就会回复你。有社交焦虑的人的大脑也能做到这一点，但需要更长时间，大概多3秒，但这些时间加起来，就构成了我们解读世界和他人意图的重大差异。

另外，前额叶皮层被社交焦虑的大脑激活，与没有焦虑的大脑相比，它的反应程度更弱。的确，在反应速度和程度上有社交焦虑的人的前额叶皮层永远达不到没有焦虑的人的水平。当杏仁核发出警报时，没有焦虑的大脑立刻派了一辆“消防车”赶往现场，而社交焦虑大脑则派了一个人提着一桶水骑着自行车去扑火。

但这并不是说我们的生活注定是一堆被焖烧的社交残骸。现在轮到菲利普·戈尔丁博士上场了。在进入临床神经科学研究领域之前，戈尔丁花了6年时间在印度和尼泊尔学习佛教哲学。从喜马拉雅山回到旧金山后，他把注意力转向了社交焦虑。

在4年多的时间里，戈尔丁和他在斯坦福大学的团队共招募了75名患有社交焦虑障碍的研究参与者。为使研究尽可能有力地反映出个人问题，他们请每个参与者详细描写以下3个因社交焦虑而让他们最尴尬不适的时刻：工作面试中他们觉得自己完全不够格；为避免与其他家长闲聊，不出席孩子的足球比赛；一次痛苦的约会后，他们思考孤独与极力维持谈话，到底哪个更糟。

写完自己的故事后，每个人轮流做大脑扫描。扫描仪拍下他们大脑的照片，他们的尴尬故事也在屏幕上一闪而过。为进一步加重这种焦虑，研究人员在故事中植入了每个参与者的敏感念头："我是个失败的人""我很古怪"或"没人喜欢我"。这些念头在他们面前出现了9秒钟，每一秒都极其痛苦，每一秒都在反复强调他们暴露出的念头：没人喜欢我，没人喜欢我，没人喜欢我。整个折磨过程的目的是把他们的社交焦虑经历传递给大脑。

参与者受到了自己故事的打击，他们被要求依次用两种方式中的一种来处理焦虑。先是在看到一些故事闪过时，做出简单的反应，假装"没人喜欢我"这一念头是真实的，把它密封好后交出去。但在余下的故事闪过时，他们被要求从不同角度思考，积极重构信念，让这些经历“不那么消极和有害”。由于没有接受过这方面的训练，每个人都只能勉强做到。

离开“边被扫描边受打击的酷刑室”后，这群参与者就被分成了两个小组。在接下来的4个月里，一组人在焦虑时不停地摆弄自己的拇指，另一组人则每周接受认知行为治疗，学习质疑自己的焦虑，勇敢面对恐惧。

4个月后，所有人又接受了同样的扫描：同样的故事，同样闪现焦虑的信念。但这次情况不同了。经过4个月的练习，当被要求重构信念时，接受了认知行为治疗、已建立新的认知行为技能的那组人比被动等候组更能成功地想办法摆脱社交焦虑。有了新技能，当“没人喜欢我”这些念头闪现时，他们很快就能反驳“不是这样！”“我能说出一堆喜欢我的人的名字”或者“这些在我面前闪过的不一定就是真的”。接受了认知行为疗法的参与者被要求根据旧习惯做出反应，但他们已改变的大脑已无法做到。

更重要的是，大脑扫描也证实了这一点。还记得社交焦虑大脑对社交威胁的反应速度和程度比没有焦虑的大脑慢且弱吗？无论程度还是速度，接受了认知行为疗法的参与者的新能力在大脑中都可以观察到。认知行为疗法帮助缩短了这几秒钟的延迟，以及神经系统反应不够强健的差距。戈尔丁博士完美总结了这一点：“这几秒钟决定了一个人是进入麻烦还是获得自由。”

让我们再回到你参加的家庭聚会上，给你的未来一些动力和鼓励。端着酒杯时，你感到焦虑很正常。身边都是陌生人，你的杏仁核极度紧张，而前额叶皮层只能慢吞吞地帮你。你很想跟自己说再也不参加聚会了，但也可以试试给自己一个新承诺：发誓做出改变，而不是继续逃避。改变是可以发生的。从生理学的角度来讲，社交焦虑大脑和没有社交焦虑的大脑完全相同，基本架构都在。你有能力，只是需要一些练习来加强已有的能力。认知行为疗法会激活大脑中已有的神经网络。就像坚持锻炼可以增强我们的体质一样，坚持练习思考和采取不同行动可以增强我们的大脑。而且，其他研究也已得出结论，认知行为疗法会给大脑带来明显的变化。可见，戈尔丁的研究结果不是幸运的巧合。

那么结论是什么呢？去挑战自己的社交焦虑习惯，一段时间后，我们可以打破原有的神经通路。等到下次聚会时，你和你的大脑就都准备好了。

身受社交焦虑折磨的我们，总以为自己需要做出巨大的改变，把性格里外翻过来，或者把大脑里面的东西先抖落干净再彻底重塑。但事实证明，我们的目标不是另一个极端。

社交焦虑的反面是什么？无畏？乍一听，完全没有行为抑制确实很好，可以让我们不再恐惧，不再被困在自己的头脑里。但是，等等，你希望得到什么呢？

你可能会猜，社交焦虑的对立面是自信，这也不完全正确——真正能做到完全没有社交焦虑的，只占总人口的约1%，还都是心理变态。社交焦虑有利有弊，心理变态也一样。心理变态的人确实很自信，但同时他们也不负责任、浮夸、冲动、浅薄、无情和虚伪。心理变态可以是很吸引人的虚构人物：从《汉尼拔》里的汉尼拔到《南方公园》里的卡特曼。但在现实生活中，他们的存在，套用托马斯·霍布斯的话来说，是“有害、残忍、（通常是）短暂的”。这不是我们想要的。

德国图宾根大学的尼尔斯·比尔鲍默博士和他的团队进行了一项研究，他们对犯罪心理变态狂和社交焦虑障碍患者的大脑做了磁共振扫描，发现社交焦虑障碍患者的额叶边缘回路过于活跃，而变态狂的额叶边缘回路不够活跃。这一研究和其他类似研究，显示出心理变态和社交焦虑是大脑神经变化的两个极端。如果说社交焦虑的大脑回路过于活跃，没有威胁时烟雾报警器也会响，那么反过来，有烟雾却没有警报，又会发生什么呢？心理变态的房子会着火。这不是我们努力的目标。

如果性格不需要反转，那么大脑需要什么呢？幸好也不需要走极端，只需一些推动就好。

请记住，影响是双向的：大脑影响行为，行为也影响大脑。让我们开始做些改变吧。接下来的两章将介绍一些新的思维方式和策略，帮你应对外面的世界。你可以轻轻地把自己推到大脑活动范围的顶端。就像没有运动天赋的人可以通过运动变得更健康一样，有社交焦虑的人也可以通过自我推动变得更自在。

这个类比还可以延伸一下。读一本教你塑形的书不一定能让你穿上紧身牛仔裤，只靠读这本书也不会让你感到舒服和自信。在接下来的 13 章里，你会学到一些工具，这些工具将激发你进行更多的社交锻炼，这样不仅能改变你的大脑，还能改变你的生活。走出去，多多试用这些工具吧。行动，拓展，成长。你不会神奇地变身为社交达人（当然也不会变成心理变态），你也不需要。你也不会丢掉自己关注他人、倾听他人、关心他人、感同身受的能力。你，还有你出色的大脑，只会得到安慰和信心。

Part 2

深入了解你的内在评判

第4章

内在评判是如何削弱我们的自信与勇气的？

我们该如何调整，好让生活中少些焦虑呢？就像辩手要研究一个问题的两个方面，我们要先投入精力去倾听对手，了解头脑中评判的声音。

这个声音可能温和，也可能响亮，地球上的每个人都听到过。我们都是普通人，无论变好或变坏，一直都会是普通人。我内心也有评判的声音。虽然我的社交焦虑比以前减轻了很多，但有时候这个声音还会响起，就像生日蜡烛被点燃。

举个最近的例子。我的孩子4岁，在一家合作型幼儿园上学。上这个幼儿园的每个孩子的家庭都有一份合作工作，我们家的工作是采购食物。所以每隔几周，我或我的先生尼古拉斯就会去趟超市，给这些学龄前儿童买些黄油、奶酪等食物。

对于很多人来说，去超市购物就像是按了社交焦虑的按钮——他们担心自己会挡别人的道，怕别人看自己购物车里的东西，或者不愿和收银员聊上几句。去超市一般不会让我焦虑，因为摄像师很少会从无籽葡萄后面跳出来，吓到怕镜头的我。所以报名做食品采购时，我没想太多。

然而，手上拿着幼儿园给的长达 5 页的购物清单，第一次站在超市里时，我意识到自己需要两辆购物车。这也能理解，我要为 50 个孩子准备整整一周、每天两顿的零食。我推着第一辆车转了一圈，把它装得满满当当，先放在客服那里，然后推着第二辆车继续转。

看到清单上剩下的物品时，我才意识到购物车里要放 10 加仑牛奶、40 根香蕉和 30 个苹果。以前的焦虑又出现了。把车推到乳品区时，我脑子里一片混乱。不由自主地去想别人会怎么想："她的饮食这么单调？她要不要买头奶牛？这是太渴了吗？"

我往车里放了 10 加仑牛奶，然后把重重的购物车推到农产品区，拿了 40 根香蕉，心想，我还从没一下子买过这么多东西。最后，当我把 30 个苹果装进袋子，想象着别人可能会说些什么讨厌的话时，一位男士朝我走了过来。"苹果不错啊。"他说。我吓了一跳，刹那间肾上腺素飙升，被暴露的感觉突然袭来。

抬起头时，我看到一位老朋友在对我笑。我能猜到当时自己脸上是什么表情，因为他的笑容迅速变成了惊慌和后悔。“对不起，吓着你了。”他说。

“没有，没有，我完全沉浸在自己的世界里了。”我老老实实地说。接下来我和他开心地聊了一会儿，他对购物车里的东西只字未提。我想他根本没注意到。

被困在自认为可能被他人评判的世界里，或者被困在自我评判的头脑中，一点儿都不好玩，它让我远离了真正的自己。周日下午，在一家忙碌超市的农产品区，我进入了一个自己编造的虚构的评判世界。这让我无法看到超市里那些美好的人：年轻夫妇在争论咖啡的品牌，爸爸们带着学步的孩子，满头白发的女人在嗅甜瓜。我意识到他们中没人在盯着我或我的购物车看。

朋友推车离开后，我做了个决定，决定看看别人而不是一味低着头。拉着满满的两辆购物车走向收银台时，我看了看周围的人：有人在看商品标签，有人在看货架上的食物，也有人回头看我。但没有人说什么。即使说了又会有多糟呢？我并不古怪，只是在做幼儿园的合作工作，刚好需要买很多牛奶和香蕉。没有人对我的购物车惊讶地挑起眉。即使有，我也能应对。

那天我从超市带回家的不只有香蕉，还有一针强心剂，它让我明白了这么多年都没学到的道理：我的焦虑不可信。很少有人真的会说“你看上去真不自在，你这种怪人不应该在这里”“就这样吧，你在谈话中老是停顿，我们只能不跟你聊了”“女士，你没事吧？买这么多牛奶，你太奇怪了”。即使有人真这么说，那也是他不可理喻，不是我古怪。如果有人对我说“你只吃牛奶和香蕉？你有问题！”我可能只会把这话当成爱评判的怪人的一句嘟囔，没准还会笑着递给他一根香蕉。

认识内在评判

就像在超市里那样，我的社交焦虑仍会不时出现，但它没有以前那么持久、顽固了。为什么我们的社交焦虑会持续好几年甚至几十年，但事实上没有人说过我们什么？有人的确说过些什么，那是我大脑里的声音，还有你大脑里的声音。你可以称之为“不安全感”或是“自我批评”。我在这本书里称它为“内在评判”，我们每个人都有。

但对于我们这些有社交焦虑的人来说，内在评判不是耳边低语，而是举着大喇叭在叫喊。它用批评的标签和难堪的预测攻击我们。然后呢？“战斗或逃跑”是我们对所有攻击的反应，无论是身体攻击还是情感攻击，无论这种攻击是来自别人还是来自我们自己的头脑。

讽刺的是，内在评判认为这样做是有益的，它以这种严厉的方式试图保护我们的安全。你可以把它想象成俯冲而下的直升机，试图把我们从任何不安中解救出来。它告诉我们，你做不到，你会尴尬，这样做对你来说太难了。它指示说，坐着不动你就不会出洋相。不要冒险，因为别人可能会注意到。

但同时，内在评判期望我们做到最好。就像父母认为自己的孩子是最特别的，注定要统治世界一样，你的内在评判也期待你做大事，只能有最佳表现。它希望你做得更好，希望你完美。但它一边要求你要表现得更好，一边在削弱你的自信心。你需要马上轻松展现完美的社交技能，就像雅典娜直接从宙斯脑袋里钻出来一样。内在评判满怀好意地努力保护我们的安全，但却让我们感到挣扎、充满压力和缺乏安全感。

我们真正害怕的是被暴露

这里引出了一个问题：我们这些有社交焦虑的人真正害怕的是什么？是社交场合吗？不完全是。我们并不是对人过敏，大多数人都很喜欢和最亲近的人在一起。那是怕尴尬吗？也不完全是。会尴尬主要是因为担心我们害怕的事会成真。

按照我们在第 1 章中提到的戴维·莫斯科维奇博士的说法，我们真正害怕的是被暴露。说到底，社交焦虑是一种恐惧：无论我们试图隐藏什么，它都会暴露，被所有人发现，就像一阵风吹走了假发一样。我们“认为”自己有问题，所以设法隐藏。重要的是，“认为”这个词上有个引号。为什么？因为无论我们自认为的缺陷感觉有多真实，它要么不是真的，要么程度很轻，根本没人在意。

独处或与信任的人在一起时，我们很自在，也不会去想那些我们自认为的缺点。的确，除了在超市买 30 个苹果，平时生活中我不会觉得自己有什么古怪。只有在公共环境中，这些错误信念才会变得突出。这就是“社交”焦虑名称的来源。如果没人看到，我就算买 300 个苹果也无所谓。这一点好理解：没有潜在的评判观众，自然也没有被暴露的机会。但是和老板独处、培训新同事，或者必须和药店店员聊天时，我们就会开始怀疑自己。

换句话说，社交焦虑与隐藏有关。与其说是恐惧，不如说是羞耻（shame）。“Shame”这个词可以追溯到它的印欧语系词根“skam”，意为“遮盖”。简单地说，就是羞耻让我们想要隐藏。注意你的身体信号。就像悲伤让人沉重且疲惫、愤怒让人紧张且焦虑一样，社交焦虑就是一种寻找“遮盖”的冲动。

第 1 章中提到的 4 种核心恐惧——我们的焦虑、我们的外表、我们的性格和我们的社交技能，各自有不同的自我隐藏策略。如果担心自己看上去很焦虑（比如脸红），我们可能会化个妆或穿高领毛衣；如果担心自己的外表，我们可能不会和吸引我们的人交谈；如果担心社交技能，我们可能会在周五晚上的聚会前认真排练要讲的故事，直到认为自己能过关；如果担心自己的性格，我们可能会问无数问题来转移别人对自己的注意力，比如那家新餐馆怎么样？你点了什么？我记得你妈妈每次来你都要带她去那儿。你妈妈怎么样？你妹妹怎么样？真的吗？再多说点儿吧。（潜台词：别让我谈论我自己。）

还有什么新信息？

内在评判让你认为自己永远“不够好”

1999 年，牛津大学心理学研究先驱戴维·克拉克博士开发了一种创造性的方法，来演示内在评判的运作方式。研究参与者的社交焦虑程度有巨大的差异：程度最重的人在推着一购物车的牛奶和香蕉时都会多想；最轻的人，即使购物车里装着蝙蝠粪，粪上面放着樱桃，他们的眼也都不会眨一下。研究人员向这些参与者分别展示了描述个性的不同词汇，一次一个。有些词是积极的，如“放松”“镇定”“机智”和“自信”，有些词是消极的，比如“笨拙”“愚蠢”“烦人”和“可悲”。

然后，一半的参与者被告知，他们现在需要在镜头前做一个两分钟演讲。更糟的是，他们被告知，这段演讲是专门用来评估其社交技能和公共演讲能力的，心理学专家会观看演讲视频，并对他们的表现评分。最糟的是，可怜的参与者直到演讲开始前 30 秒才知道演讲主题。另一半参与者呢？他们只需要坐着，没有演讲也就没有烦恼。

因为只有一半参与者必须发表演讲，现在就分成了 4 组：焦虑程度高的人要做演讲；焦虑程度高的人不用做演讲；焦虑程度低的人要做演讲；焦虑程度低的人不用做演讲。

演讲并没有马上开始。在得知要做演讲而被吓到后（或得知不用做演讲后），每个参与者都被问及他们能记住多少积极和消极词汇。很明显，对演讲感到紧张的焦虑人群能回忆起的积极词汇更少，他们想不起来“善于表达”“有思想”和“有活力”这样的词，却清楚记得“愚蠢”“荒谬”和“失败”这样的消极词汇。对即将被暴露的恐惧削弱了他们提取具有积极特质词汇的能力，但并没有阻碍他们提取具有消极特质的词汇。简而言之，内在评判拿出扩音器，赶走了焦虑人群内在最好的自我。

这一点令人信服。卷入社交焦虑时，消极内容比积极内容影响力更大。这自有其道理：为好事做好准备不是生存的关键，但预见坏事则是。我们更关注威胁，是因为不关注我们就会损失惨重。但不幸的是，这意味着我们会带着不安进入接待处、拥挤的房间或谈判室等场景。我们的内在评判会在脑海中低语，告诉我们事情会很糟糕，每个人都会看到。我们需要做好，但我们没有能力做好。我们必须找到一种方法藏起来，否则就会被暴露。

不管你恐惧什么，都可以归结为一件事：我不够好。而且，每个人都会看到。

很多人确切知道他们害怕哪些方面会被暴露，也有很多人并不清楚，他们只是模糊地感到不自在，感到压力开始上升。如果你不确定自己到底怕什么，那可以想想以前玩的填空游戏。我们每个人都有相同的人生故事框架，但填充的内容各不相同。借用戴维·莫斯科维奇博士举的例子，如果担心自己的外表，独自坐在被堵在路上的车里时，可能感觉就像被困在汽车大小的鱼缸里，被别人观看。如果担心自己的社交能力，在车里反而可能觉得很安心。

你自己试试。设想一个让你紧张的社交情景，然后让社交焦虑填空游戏帮你填满：

> 当我________（感到焦虑的社交场合）时，
> 很明显，我________（内在评判指出的我的问题）。

吉姆的可能是这样的：

> 当我<u>和蒂娜谈恋爱</u>时，
> 很明显，我<u>是一个彻头彻尾的失败者</u>。

在超市里，我的感觉如下，这表明内在评判不一定会触及心灵，也不一定能说得通：

当我推着一辆装满牛奶和香蕉的购物车在超市里转悠时，

很明显，我是个怪人。

有很多方法可以让你假装沉浸在智能手机里，这样的例子不胜枚举：

当我在工作会议上发言时，

很明显，我是无能的。

当我和新来的实习生谈话时，

很明显，我是没有个性的。

当我在劳伦的生日派对上时，

很明显，我是没有社交技能的。

当我第一次约会时，

很明显，我是没有吸引力的。

当我参加面试时，

很明显，我说话时声音在颤抖。

当我在早午餐上讲故事时，

很明显，我无法表达我自己。

当我每次被迫和不止一个人闲聊时，

很明显，我大脑一片空白。

想想上次你边拉衬衫领子边想“这里是不是很热？”把你的想法写在这里吧。必要时可以重复。

当我________（感到焦虑的社交场合）时，
很明显，我________（内在评判指出的我的问题）。

内在评判低估了你

内在评判并不是某一刻突然冒出来的，在参加社交活动之前和之后它都在。它存在于预期中，也存在于余波中。关于这一点，你可以听听我以前的来访者洛伦的故事。

感恩节那个周末，奇怪的是，洛伦感恩于此刻自己正和女朋友莎拉被堵在95号州际公路上。洛伦感觉筋疲力尽。他整个周末都处于“开机”模式——第一次见莎拉的父母和妹妹，祖母、几个姑姑和叔叔，还有一大堆表亲，这些名字在他的脑子里搅成了一团。他的脸都快笑僵了。

他用手指敲打着方向盘。“你觉得我这次去表现还好吗？”他问莎拉，“我不确定他们是否喜欢我。”

“你在开玩笑吧？”莎拉说，“表现很好啊。每个人都喜欢你。

他们很高兴见到你。”

“真的吗？我觉得自己太安静了，应该多说点儿。但每次我刚想起点儿什么，就发现又换话题了。”

“我没觉得啊。你对大家都很好，我看到你和我爸爸在吃甜点时聊了很久。”

“他主动过来聊的，”洛伦说，“我们聊了海滩清理，海洋里要命的塑料这些东西。”

“这是好事。他主动找你聊，我觉得这说明他喜欢你。”

“也许他只是想探探我的底，看看我是否配得上他的女儿。”

“我觉得他不是在试探你，他只是想和你聊聊。我和他说过你学的是环境研究专业，我们去划过海上皮划艇，所以他和你聊起了海洋垃圾。”

“好吧，”洛伦说，“现在他一想到我就会想到垃圾。”

“那应该怎么样啊？”莎拉问道，她有点儿生气了。

“我也不知道，应该可以更好的吧。”

洛伦没有说出来的是：这次去你家，我的心不应该一直吊在嗓子眼儿，我的声音不应该抖得那么厉害，我的大脑应该可以处理简单的对话。我为什么要和你爸爸聊海洋垃圾呢？

“更好？哪里出问题了吗？”莎拉问道。

“我不知道。我就觉得应该多说点儿，我表现得还不够好。”

“你做得很好。你在担心什么？”

“我不太擅长这些。我应该在大家吃饭时讲些段子，把大家逗乐，或者想一些比污染更好玩的话题。我只是觉得自己错失了机会，没给大家留下更好的第一印象。”

“你真是想太多了！”莎拉说。

你可以把这叫作过虑、困扰、反刍，或是“来自地狱的表现自评”。研究人员称之为“事件后加工”。不管你怎么叫它，这都是指你对自己社交出洋相的一个事后回顾。正如研究事件后加工的专家辛迪·劳帕唱的那样：“你要是去找，总会找到的。”我们就是这样做的。内在评判会去找，并找到那些不完美：谈话中令人尴尬的沉默，不太对的答案，说段子时有人笑的点不对……然后让它们无限循环。

这种对不完美的关注使得社交焦虑可以持续几年甚至几十年，尽管并没有什么可怕的事情发生，尽管有时候一切都挺好。这是个恶性循环：通过关注我们认为出问题的地方，得出结论，正如洛伦说的，“我不太擅长这些”，而这只会在下一次再次引发恐惧。按照天普大学社交焦虑研究之父理查德·亨贝格博士的说法，这种想法是“在胜利关口抓取失败”。

这种评判不仅仅发生在事后。内在评判也会在社交前启动，而且在准备阶段尤为活跃。还记得跳舞的吉姆吗？在去大型家庭聚会之前他就会开始恐惧。预想到的巨大压力，会让我们认输、躲避。研究人员称其为“预期加工”，尽管最恰当的说法是担心。

洛伦没有告诉莎拉的是，他的担忧并非始于95号州际公路。其实和莎拉定下感恩节的计划后，他就一直担心见到莎拉的家人。没什么要紧事做的时候，这种担心就会出现在他的脑海中。坐在学校班车上时，因为心里在默念到时候要说的话，有几次他都错过了自己的下车站。

当然，在重大时刻或重大变化前感到焦虑很正常，谁不会为开始一份新工作或第一次约会而担心呢？不焦虑反倒奇怪了。你想给他人留下好印象，希望事情进展顺利，自然会紧张。但问题是：焦虑程度应该与你将面对的任务难度相匹配。因为要在成千上万名观众面前展示而焦虑？肯定会。参加新的普拉提课程前有同样的焦虑？这就是不匹配。

我们花在预期上的时间也经常和任务不匹配，有时是几分钟，有时长达几小时。社交焦虑障碍患者的紧张情绪通常会持续几天或几周，直到事情最终发生。吉姆记得，他周末都待在家里的那些年里，每次接到邀请，他的预期焦虑就会突然活跃起来，并一直持续到活动开始。我之前的一位来访者卡里萨还记得，她的焦虑是从高三那年的9月被选中在来年6月的高中毕业典礼上担任学生演讲嘉宾时开始的。她说："我焦虑了快整整一年。每次只要一想起来，我的胃就会上下翻腾。这太可怕了！"

为了减轻恐惧，我们常在脑海中排练即将发生的情况，试图找到所有可能的答案。如果音频、视频设备坏了怎么办？她不理我怎么办？有人问问题我回答不上来怎么办？接着我们会想：我怎么才能摆脱这种困境？我们幻想着逃避：要是来一场地震，我就不用演讲了！也许黑死病会卷土重来，派对会被取消！

更糟的是，抓狂也没什么用。2003 年，戴维·克拉克博士和同事亨德里克·亨瑞斯根博士尝试通过实验，在易受社交焦虑影响人群和不易受焦虑影响人群身上制造出预期焦虑的完美风暴。实验很成功。参加研究的大学生们被告知，他们要在 20 分钟后做一个简短的演讲。为了增强预期的紧张度，大学生们还被告知演讲过程会被录像并交由专家评分。另外，他们在演讲开始前才会拿到演讲主题。增强紧张度的最后一步（就像做甜点最后放上樱桃一样），就是他们被告知：希望你能尽力给评分专家留下好印象。

然后，为了分散注意力，研究人员让一半参与者看了一部关于虫子的 20 分钟长的电影，并让参与者给最吸引他们的虫子打分（最吸引人的显然是瓢虫）。而另一半参与者得到的是以下指示：

1. 试着想象一个不顺利且让你觉得不舒服的社交场合，或者你给别人留下了不好的印象；
2. 试着想象在这种情况下你是如何表现的，你觉得自己在别人眼中是什么样子；

3. 试着想象一下，你在接下来的演讲中会是什么表现，你在别人眼中是什么样，他们会看到什么；
4. 试着尽可能详细地分析你演讲时可能出问题的地方；
5. 试着预测在你演讲时可能发生的最糟的事；
6. 试着想象如果出现失误，你应该怎么做。

这些大学生参与者被要求在每一点上都花几分钟时间去思考。如果他们在20分钟之内思考完了，就会被要求再设想另一种不同的“社交惨败”。你大概能猜到都发生了什么——惊慌失措对他们的准备毫无帮助，只会让他们感觉更糟。

有趣的是，无论参与者是否有社交焦虑，预期加工都会发生。克拉克和亨瑞斯根得出的结论是，社交焦虑程度高的人群和程度低的人群之间的主要区别不在于预期加工的影响，无论你是谁，都一样有预期加工。他们的不同之处在于，程度高的人群更有可能深度参与预期加工。

总之，如果内在评判在重大时刻前，有意提到过去的失败，这就是预期加工。如果是在事件后，那就是事件后加工。不论是哪一种，都是过于关注出问题的地方。在每件事发生之前和之后，内在评判都把我们放在放大镜下面。这只放大镜除了会放大，还会歪曲事实，让我们把中立事件解释成消极的。最终，在社交焦虑的残酷折磨中，我们的事前紧张和事后自我鞭笞不仅没有任何用处，反而让我们倒退，这与努力的方向正好相反。

而且，问题的关键是，内在评判并不像我们想象的那样自信和铁腕，它实际上比政客还要含糊。2006 年，两位杰出的澳大利亚心理学家朱迪斯 · 威尔逊和罗纳德 · 拉皮进行了一项研究，类似于戴维 · 克拉克在 1999 年做的那项研究。他们也分别向有社交焦虑障碍的人群和没有社交焦虑障碍的人群展示了描述个性的词汇。同样，一半词汇是消极的，如“无聊”“无知”“懒惰”和“自私”；另一半是积极的，如“令人钦佩”“能干”“聪明”和“热情”。重要的是，这些词都与焦虑无关。威尔逊和拉皮有意没有用“紧张”“害羞”和“冷静”等词。和克拉克的研究相似，研究人员要求参与者对这些词和自己的契合度进行评价，但有一点更为复杂：除了测量参与者认为这些词汇描述自己的准确度外，研究人员还测量了参与者在每个词上做出决定所花的时间。

结果怎样呢？有社交焦虑障碍的参与者不仅再现了克拉克的发现，而且他们更认同“枯燥”“不胜任”和“笨拙”等消极描述，不太认同积极描述，如“有能力”“成功”和“配得上”。同时，威尔逊和拉皮发现，有社交焦虑障碍的参与者需要花更长的时间来做决定。这也就是说，内在评判并不确定，它需要想一下：这是我吗？这就是我吗？这种犹豫可能是一瞬间的，但说明了它不确定、有疑惑。而这种不确定、这种疑惑，是所有焦虑的核心。我们紧张，是因为有些事我们不知道，有些事不确定，有些事没把握。

这也意味着内在评判的盔甲上有道裂缝。为了保护我们的安全，它认为我们做不到，但对此也不确定。它告诉我们没有达到标准，但它得先想想是否如此。我们的内在评判并不是权威和全能的，它更像是《绿野仙踪》里那个和普通人一样，不伟大也不强大的幕后人物。但你知道吗？它坚持认为你不够好。这不但站不住脚，更是一种完全的扭曲。事实上，我要说的是，你足够好，别人也认同你足够好，也有能力。没什么可怕的，你可以做你自己。

我们已知内在评判是不确定的。让我们来证明下它还是错的，它低估了你，你要比它认为的更强大、更有能力，也更讨人喜欢。

如果你不愿放弃内在评判

我偶尔会遇到一些不愿放弃内在评判的来访者，他们会说："抓狂让我感觉自己在做事。担忧让我觉得一切还在掌握中。如果不焦虑，我就什么也做不成。"他们会为这种自我鞭笞辩护："对自己严格要求能帮我找出问题在哪里，有助于让我下次做得更好。”有位来访者罗莎，她特别不愿意放弃预期加工。光听她谈这种经历就感觉很疲惫。“每次要做展示前，我就开始计划，”她说，“我试着想象所有可能出问题的地方，这样就能知道如何应对。我回顾过去所有的尴尬时刻，努力找出防止类似事件再次发生的办法。”她顿了一下：“这实际上不管用。”又补充说：“我只会心力交瘁。”罗莎心里清楚她的所有这些筹划其实是预期加工已失控。

我们来看下焦虑为你做了什么。事先惊慌有用吗？事后自责有用吗？不管你怎么看菲尔博士，他的这句话还是很有道理的：“那对你有用吗？”如果你不确定，可以尝试一个为期两天的实验：第一天，把所有焦虑扔到第二天；第二天，把所有焦虑拿出来，预测和反复思考，就像再不思考就无法挽回了那样。等你恢复后问下自己：哪一天更愉快？哪一天更有成效？我敢打赌，你绝对不想重复第二天的经历。

从在超市里的我，到感恩节后95号州际公路上的洛伦，再到参与研究的那些本科生，这些都一次次证明，内在评判不可能帮助我们改善任何事。

所以让我们来解决问题的根源——内在评判吧。准备好了吗？让我们开始吧。

第5章

反驳内在评判：替换

世上事本无好坏，思考使然。

——《哈姆雷特》，莎士比亚

你脑子里有个法庭。虽然没有法庭里的法官席、陪审团席，以及电视剧《夜间法庭》里布尔法警模样的人，但它就在你脑子里，而且审判正在进行。实际上这种审判已经存在很多年了，它决定了你的恐惧是否会成真：你汗流浃背，周围的人慢慢后退；你说话时，每个人都困惑地盯着你，他们宁愿看电视，也不愿听你讲话。当然，检方的主要证人是你的内在评判。它已经在证人席上喋喋不休了好几年，说实话早该盘问它了。它恼人的声音一直在诽谤你，套用受人尊敬的法律学者“扭曲姐妹”（Twisted

Sister）乐团[①]的歌词就是，“我们再也不能忍受了”。

为了挑战内在评判，改变它给你警告时你的回应吧。当它讨厌地大声嚷嚷时，去改变你的想法。20 世纪 90 年代末，苹果公司标志性但不合语法的广告语提醒我们：think different（不同凡想）。为了实现这一目标，我们要用到两个工具，这两个不同的工具有着共同的目标：回应内在评判，而不是让它说服我们躲在灌木丛中或浴室里。这两个工具是你的第一套新工具。

第一个工具叫替换。我们要反驳内在评判（至少是有礼貌的坚持，对抗也不是我的风格），目标是改变评判造成的威胁。之后，我会介绍第二个不同类型的工具：拥抱。我们要与内在评判讲和，而不是争辩，我们要给自己一些从不吝惜给予别人的同情。

为了依据精心打造的论证来使用替换工具，先请出我们的辩护律师。他面带稚气，说实话还是个新手。他在这方面没多少经验，但很渴望有机会检验自己的能力。也许，只是也许，他有些招式可以把奔涌的内在评判变成涓涓细流。

重要的是，积极思维不是他要做的。积极思维或正面肯

① 此处是作者的幽默表达，引用“扭曲姐妹”乐队的歌词“we’re not gonna take it anymore”，意为“我们再也不能忍受了”。“扭曲姐妹”乐团是一支来自纽约、成立于 20 世纪 70 年代早期的华丽重金属摇滚乐队，以叛逆形象、古怪行为、恐怖造型和夸张的舞台表演而为人熟知。

定不会让你在大脑中的法庭上走太远。事实上，那些安慰的话——“你很棒！做你自己就好！”——感觉像是在撒谎。所以，这个工具不是教你说鼓励的话。相反，辩护律师是来帮助我们理清思路的。那么，让我们帮他应对一下内在评判好吗？

辩护律师紧张地走到法官席前，环顾四周。内在评判坐在证人席上，仿佛那里是它的主场。辩护律师在想，“站在这儿跟坐在边上的视野完全不同！”他紧张地咳了几声，又挺起肩膀鼓起了勇气。

指明，指明，指明

辩护律师看着内在评判，后者可恶地朝他咧嘴笑了笑。内在评判已经在证人席上待了很久，还很自在。但律师知道他自己要做的事情所蕴含的力量。他清了清嗓子说：“第一个问题：最糟糕的结果会是什么？”

内在评判笑了：“不是吧？ 你就这点儿本事？ 最糟糕的结果会是什么？”

“是的。”

“这是什么，反问吗？”内在评判嘲笑说。

“不，这不是反问，”辩护律师说，“这是一个真正的问题，需要你回答。具体来说说，最糟糕的结果会是什么？”

“很简单，所有人都会觉得我很怪。”

“你看，这就是我要说的，”律师说，“‘所有人都会觉得我很怪’，这句话太含糊了，具体是谁会这样想？”

内在评判看上去有点儿困惑，它从没这样想过。“我不知道，所有人吧。”

“不，不要说‘所有人’，”辩护律师说，“说出具体的名字来”。

这是工具的第一个用法：指明。就像房地产的咒语是“地点，地点，地点”，克服焦虑的咒语是“指明，指明，指明”。为什么呢？焦虑通常是模糊的：所有人都会觉得我很怪！会有什么坏事发生的！人们会评判我的！我会做点儿傻事的！焦虑成了伟大的占星家。它很模糊，我们可以从它的预测中解读出任何东西。留意这些不精确描述的危险信号：“总是”“从不”“所有人”“没有人”。

焦虑也可以是不成形的想法，它更像是一种爬行动物水平的本能反应：胃里一阵痉挛，肾上腺素瞬间飙升，把车开过表亲婚礼现场的冲动。内心评判会给你一种强烈的感觉，这感觉就好像是事实。因为我们觉得自己不够好，所以认为这一定是真的；因为我们认为自己是个失败者，所以确定这一定是真的。因为我们觉得热，所以感觉自己的脸变成了《芝麻街》中艾尔莫布偶的火红色；而且，因为脸红，感觉所有人都在评判我们。

如果你的评判是一种感觉，为了要“指明，指明，指明”，试试这样想：如果胃痉挛能说话，它会说些什么？如果冲动能被转成文字，那么想要逃离婚礼的冲动会告诉你什么？把自己想象成一个卡通人物，然后问问你脑子里冒出来的想法会说什么。一旦这些想法变成语言，它就有了形式，就意味着我们可以去挑战它。

所以请具体一点儿。最糟糕的结果究竟会是什么？我预计自己会做的傻事具体是什么？我预计具体是谁会来评判我？就像辩护律师说的，说出他们的名字来。

> “所有人都会讨厌我”变成了“老板会讨厌我的这次展示”。
>
> “所有人都会认为我是个怪人”变成了“在聚会上与我交谈的那几个人可能会注意到我的手在抖，觉得我不太对劲儿”。
>
> “人们会认为我很丑”变成了“麦肯兹和卡门又会对我的衣着和发型评头论足了”。
>
> “我会搞砸的”变成了“客服不会理解我要什么，我们会陷入一场漫长且尴尬的误会之中”。
>
> “糟糕的事会发生”变成了“我担心自己不知道该站在哪里，或该用什么站姿”。

有时我们很幸运，只要“指明，指明，指明”就可以立刻平息焦虑。一旦能确定具体的焦虑，我们就能认清它的本质。当某件尴尬的事情被具体化为“我会在全体员工会议上默不作声”，你就会意识到这种事的真实程度就好比芭比娃娃的高跟鞋。

但更常见的是，“指明，指明，指明”只是第一步。在确定了内在评判最糟糕的情况后，我们就可以开始挑战它了。让我们再回到法庭上去看看辩护律师是怎么做的。

一组神奇的问题

接下来是一组神奇的问题。辩护律师直视内在评判，问道：“那到底会有多糟？”

内在评判又开始嘲笑。“那到底会有多糟？很糟糕！真的很糟糕！人们会拒绝我或无视我，甚至觉得我很笨！你总不能告诉我这些都不算糟糕吧。”

“好吧，这些当然不是好事，”辩护律师说，“但它们真的是场巨大的灾难吗？”

“完全是灾难性的！”

“会有人死吗？你会彻底被摧毁吗？

内在评判顿了一下：“心死算吗？”

“不算。”

“但这些事情太糟糕了！”

“是很糟，但它们会是灾难性的吗？值得你神经这么紧张吗？”

内在评判的声音第一次软下来了。“那也还是很糟。”它坚持说。

辩护律师微笑着，双手交叉放在背后，鞋后跟踮着地——他可能很享受这一切。

我们的辩护律师在做什么呢？他在做这种叫“去灾难化”的工作，就像去掉狮子的爪子，它打破了最糟糕情况的泡沫。别误解我的意思，问题依然存在，有些人可能会暂时认为我们“古怪”“没吸引力”或者“愚蠢”。但这真的又有多糟呢？被他人评判有多糟？我们能应对吗？我们可以正确认识这种情况对自己的影响。

但随后，内在评判又有了新的想法，它又有了精神：“但很多事都是灾难性的！我会在做演示时因犯错而被解雇！我的汗会浸透衬衫，同事们会觉得我是个焦虑的怪胎！我约会时会出尽洋相，永远孤单下去！”

你不由得要肯定下内在评判：这也是种天赋，能把模棱两可上升到轻度威胁，再预测到真的会有巨大的灾难。“你看，这些真的是灾难吧？”内在评判抱起双臂，沾沾自喜。

辩护律师对此早有准备。“是的，这些都是坏事。但请告诉我，这些事发生的可能性有多大？因演示过程中犯错而被解雇的概率有多大？因为出汗，每个人都认为你是个焦虑的怪胎的概率有多大？一次失败的约会注定你永远孤单的概率有多大？”

“非常大。”

“不会吧？犯一次错就被解雇？每个人都会觉得你是个怪胎？你在这世上剩下的日子里会一直孤单？”

辩护律师这么问的目的是什么呢？如果说我们的大脑会去设想最糟糕的情况，还要让我们相信最糟糕的情况一定会发生，它就是在努力帮我们回归理智。有时这种预测社交灾难的能力是有用的：在业余演员之夜，你看到一群喝醉的人手拿烂番茄，于是决定改天再秀你的个人舞蹈。但更多时候，我们是预见小事情所谓的“重大后果”：我们在做工作演示时，突然大脑一片空白（小事情），然后被解雇（重大后果）；我们出汗（小事情），导致所有人都看到并害怕地躲开（重大后果）；某一次约会不顺（小事情），我们就将永远孤单（重大后果）。

我们大脑想象到的最糟情况实际发生的概率很小。以工作演示为例，以下哪种情况更有可能发生，是你被解雇，还是人们会注意到问题并对你表示同情，转头在心里计算他们在健身 App 上的得分？所有人都认为你是个焦虑怪胎的概率有多大？更有可能的情况是否是，只有一两个人注意到你被汗浸湿的衬衫，认为你只是太热了？或者就算你很紧张，他们也只会同情你？你永远孤单的概率有多大？更有可能是你和这个人不来电？

“最糟糕的结果会是什么？”和“这种情况发生的可能性有多大？”这两个问题，只需要问其中一个，几乎所有有社交焦虑的人的紧张想法就都会改变。

内在评判现在看上去开始紧张了。

辩护律师身体向前倾，问了它最后一个问题：“你可以怎样应对？”

我们觉得自己应对不了当下的情况时就会焦虑。这可以理解：焦虑让我们怀疑自己的能力，而内心的恐惧让我们觉得这就是事实。我们感觉无能，所以一定无能；我们感觉不知所措，所以一定无能为力。但想想你拥有的资源：朋友，家人，你的内在力量，你的信仰，你的运气，你办公桌抽屉里那张免费瑜伽课程券，这些都可以帮助你面对恐惧。明确说说吧，你将如何应对？你将采取何种行动？

例如，如果真的被解雇，你会怎么做？说真的，你可以做什么呢？可以再找份工作，可以暂时缩紧开支，可以问问亲友能否帮你联系到新工作。这确实不容易，真的很难，但不是没有希望，你会挺过去的。这就是关键：即使有巨大的担忧，你也能应对生活抛给你的几乎所有事。

回到法庭上。内在评判在不安地扭动身体，辩护律师笑着转过身：“我没有问题要问了。”

综上所述，当你的内在评判将焦虑推向高潮时，你首先要问：“最糟糕的结果会是什么？”尽可能准确地回答，记住要“指明，指明，指明”。

然后问：“事实上有多糟？”“发生最坏情况的概率有多大？”“我该怎么应对？”

这些问题你可以拿来应对几乎所有引起社交焦虑的想法，你可以少一点儿紧张心跳，多一点儿现实感，不必再去想最坏的情况。现在，我知道这可能感觉还不够真实，但请记住，你的辩护律师才刚开始用“替换”工具。社交焦虑用了你的前半生来稳固它自己，但你不需要拿整个后半生去克服它。我们的下一个工具“拥抱”可以帮助你加速克服的过程。

第6章

与内在评判讲和：拥抱

你开车去游泳馆，接上完游泳课的孩子。你把车停进停车场，走进游泳馆，和前台那位模样倦怠的大学生打了个招呼。你慢慢走到泳池区，躲着那些抓着泳池边在踢水的孩子们。空气中有股氯气的味道。你想幸好有氯，从泳池里孩子的数量来看，也不知道水里有多少小便。泳池里有几组孩子，他们都在接受不同水平的训练。你扫视水面，寻找你孩子所在的那组。接着你听到，在孩子们的叽叽喳喳和水花飞溅声中，一个低沉的成年人的声音响起：

“不对！不是这样，你这个白痴！想什么呢？真是没法相信你这样踢水！你看着像只溺水的鸡！你这是在逗我吗？这么游泳，所有人都会嘲笑你的！”

你恐惧地看过去——一名教练正站在一个在水中上下浮动的孩子旁边训斥他。孩子开始哭，眼泪慢慢填满她的护目镜。“你下周不用来了，”教练哼了一声，“别的孩子也不希望你在这里。”

你看得目瞪口呆，环顾四周，想看看是否还有人看到了这一幕。这不算虐待儿童吗？你默默地想，自己的孩子得离这个教练至少一千米远。

当你还在考虑要和前台怎么说这件事时，泳池里另一个小组开始了一节新课，离你站的地方只有几米远。孩子们在练习踢腿，和上一组一样。大多数孩子都高兴地踢着腿，身后水花乱溅，有个孩子有点儿费力，他的腿胡乱拍打着水面。“嘿，孩子，”教练说，“你很努力，做得不错！这样，你试着把腿伸直，踢腿时臀部用力而不是膝盖用力。这样整条腿在踢，你会游得飞快！再试下？好，这样差不多了。再试下，继续这样练，你会游得比鱼还快！好样的！”

让我们回到陆地上。哪个教练能让孩子游得更好？不用说，肯定是第二个。为什么呢？为什么严厉的方法不好用？批评能起什么作用呢？它能激励学习吗？不能，当然不能。你是否曾被父母、老师或老板吼过，然后心想“他们说得真有道理，下次我一定要更加努力。谢谢他们让我认识到我的错误”？不可能，除非你这讽刺是高浓度酸，酸到能把地板都腐蚀了。

相反，严厉的批评对第一个孩子做了两件事：第一，羞辱。这点就够糟了，会让孩子不想再尝试，也就剥夺了他学习的机会。我敢说第一个孩子的父母今晚会在垃圾桶里找到他的护目镜，他会跟父母说讨厌游泳，不想学了。下周他们送孩子去上游泳课时，孩子一定会哭着坚决不肯去。不用说，这个孩子今晚肯定会躺在床上，想象着教练可能会以各种羞辱性的方式惨死。

相比之下，第二个教练不仅能让那个孩子下周继续来上课，甚至有可能培养他成为游泳健将。这位教练真的支持孩子，而不是空喊口号的拉拉队长。在孩子学习效果不太好时，教练会花时间、用支持性的方式去纠正他。他鼓励孩子多加练习，让他明白理解和掌握技能需要时间，并且给予了孩子明确且积极的尊重。支持型的教练不仅更和善，教学也更有效。这就是下一个工具的关键所在：在支持性的环境中，而不是在惩罚性的环境中，我们更有可能实现目标。

第一个教练听着很像我们的内在评判，感觉他大学里学的是“刻薄”专业。其实我们总这样和自己对话。我们认为严厉的批评会激励我们，说服我们改变，或者自我惩罚是为了让自己顺从。虽然我们本能地知道，教练侮辱孩子的做法不对，但我们很难意识到，内在评判也不对——不仅不对，而且无效。总说“你做不到，你没有能力，你甚至不该费心去尝试”，只会让你想要去躲藏、去逃避。

那么，我们该怎么和自己对话呢？简单说，就像第二个教练那样。如果说“替换”法指的是与我们的内在评判辩论，改变我们可怕的想法和恐惧，那么创造一个支持性的环境，让我们尝试去做困难之事，就是“拥抱”法。我们不会正面挑战这些想法，相反，我们承认它们的存在，同时给自己一个温暖、支持的拥抱。下文是具体方法。

一个叫林戈的人曾经问我：“如果我唱走调了，你会怎么做？你会站起来走出去吗？”面对唱歌焦虑，林戈想出了一个好办法：“我需要朋友们的一点儿小帮助。”有了拥抱，你就有了帮助，但不是来自朋友，而是来自你的内心。毕竟朋友无法全天 24 小时地帮你，但你可以帮助你自己。

这就是自我同情。从本质上讲，拥抱就是给予自己支持、温暖和善意，在你最需要时给一点儿小帮助。

运用自我同情的方法

“自我同情”可能会让你脑海中浮现出香薰的画面，但实际上它是很实用的工具。有些人（尤其是那些在父母过于严格、常爱批评的家庭中长大的人）可能一开始会反对，认为自我同情就是放纵、软弱或开脱。但是，当我与自我同情的研究先驱、得克萨斯大学的克里斯汀·聂夫博士交流时，她提供了一个过滤掉不属于自我同情范畴内容的好方法。聂夫博士说："我们联系下具体情境，有同情心的母亲会让她的孩子吃掉所有的糖吗？不会，当然不会。她会承认糖果确实很诱人，然后亲切地鼓励孩子做出更健康的选择，而不是放着孩子任性不管。"自我同情就是要创造这样一种支持性、有亲切感、鼓励性的环境，在这种环境中你可以鼓起勇气做出明智选择。简言之，自我同情与内在评判恰恰相反。内在评判是在寻找和攻击我们内在的脆弱，而自我同情寻找的是人之常情，并给予理解、关爱、欣赏和鼓励。

聂夫博士认为，自我同情由三个组成部分：正念、自我友善，以及意识到人性是共通的。第一个"正念"你肯定听说过，但就像臭氧或麸质，我们很难给它下个准确的定义。那我们现在就开一个应急的速成课程吧。

如果说挑战我们的想法（那真的有多糟？概率有多大？我该如何应对？）需要带着消极念头爬进拳击场打上几个回合，那正念就是在拳击场的围绳外冷静地观察。简单说，正念就是有意识地关注当下，不做评判。聂夫博士在她的著作《自我同情：接受不完美的自己》中，给出了我见过的对正念最好的解释。她写道："想象自己在电影院，银幕上在放映电影，你沉浸在故事里。电影中的坏人发动袭击时，你差点儿跳起来；不同力量斗争时，你紧张地咬指甲；剧情发生转折时，你倒抽了一口气。但这时你旁边的人打了个喷嚏，于是一切都被打破了。你回过神，手上还是拿着爆米花，还是坐在座位上，想起来‘哦，我在看电影’。”

换句话说就是，正念不是你实际的想法或经历，而是观察你的想法或经历的方法。这是一种领悟：“哦，我在想 X，我在听 Y，我注意到了 Z。”更重要的是，你可以自行选择把注意力放在哪里。你可以观察你的思想、你的呼吸，或者你身体发出的声响。就像你看着投射在银幕上的电影图像一样，你可以看着你的思想或感觉在意识领域里漂浮、飞奔。

使用这个技巧，你就可以旁观你焦虑的想法，不会被它纠缠。例如，你可以回想一下最近的一个丢脸时刻。如果你在想“那次我真是搞砸了”，可能就会觉得尴尬、内疚或羞愧。现在稍微改变一下，对自己说，“我的想法是那次我真是搞砸了”。这二者有着微妙差异。第二种表述有距离，有觉知。就像身边的观影同伴打喷嚏时，我们的注意力会从把电影当成现实中抽离出来，意识到电影不是现实。你猜怎么着？正如电影不是现实，我们的想法也不是。这么说有点儿奇怪，是吧？但可以让我们获得自由。记住，感觉不是事实。想法是短暂的，不是事实真相。内在评判把可怕、焦虑的失败预期抛给我们，但我们不必为这些预期纠结。而且，我们可以看着内在评判抛出这些想法，不必去接。

更奇怪的是，直到现在我才意识到，“我不善社交”或“我没什么可说的”这些想法就像“我有双棕色眼睛”或者“我 39 岁”

一样真实具体，但在正念的银幕上，“我看起来很蠢”这样的想法，只是看法，只是念头。打个实实在在的喷嚏，我们就从“我不够好”转变成了“我的看法是我不够好”——其中的差异就说明了一切。在这一惊人的澄清时刻中，绝对的真实变成了仅仅是一种想法。想法？想法可以被改变。或者，为了坚持正念精神，想法只需要被观察。

为证明正念对社交焦虑的作用，2011 年的一项研究对有社交焦虑障碍的人进行了 10 分钟的正念训练，包括转移注意力训练（将注意力放在与当前任务无关的事上）或者什么都不做。正念训练让参与者学会专注于自己的呼吸，走神后把思想再轻轻带回来（因为思想很容易走神，你第一次尝试正念时，会发现你的专注能力介于“未经训练的小狗”和“学步儿童”之间）。在这项研究中，给正念组的指导语可以总结为“训练目的是让你意识到自己的想法和感受，并接受当下这一时刻的体验”。训练结束后，参与者接受了测试。他们被要求回忆最近的一次难堪经历，在某个社交场合（如聚会、开会、做展示或约会时），他们感到非常焦虑或尴尬。他们被要求尽可能清晰地去回忆，然后让自己沉浸在这种尴尬记忆中长达 5 分钟。参与者自我评估沮丧程度，然后应用不同的新思维策略（如正念、分散注意力或什么都不做），再练习 5 分钟，之后再次自我评估沮丧程度。正如你能猜到的，正念效果明显。在正念组中，参与者的压力水平在 5 分钟内稳定、显著地下降；而分散注意力组的压力一点儿也没有下降；什么都不做的对照组的压力反而上升了。记住，这还只训练了10分钟。

如果你是个初学者，可以尝试以下三种正念练习，每一种练习方法都只需要几分钟。

- **"5—4—3—2—1"法。**这种方法随处可练，可以帮你摆脱烦恼、立足现实。方法如下：利用你的5种感官。首先，环顾四周，说出你能看到的5样东西。比如，我看到的是笔记本电脑、一杯格雷伯爵茶、一台不好使的打印机、一叠蓝色便利贴和一本阿尔伯特·艾利斯的传记。然后，说出你能听到的4种声音：外面的汽车声、鸟鸣声、邻居家的空调声和某处的流水声。接下来，说出你可以触碰到的3样东西：穿着鞋的脚，椅子后背，键盘上的按键。之后说出你可以闻到的两样东西：茶的香气和传记书的霉味。最后，说出你可以尝的一样东西：我会啜一口格雷伯爵茶。但如果你手头没有什么东西，可以感受一下嘴里的味道（通常很恶心），或者，说一件关于你自己的好事（这个绝不会恶心）。

为什么做这个练习呢？第一，体会你的感觉会让你回到此时此地。如果你在期待未来，"5—4—3—2—1"法会把你从未来拉回来；如果你在反刍过去，它会轻轻地把你从过去唤醒。第二，从5到1，你的感官在工作，大脑也被迫跟上，就像一根棍子戳进了你"忧虑车轮"的旋转辐条。

- **正念倾听。**这个是正念定义中"不做评判"部分的良好示范。你只需要聆听你周围的声音就好。咖啡厅里的喧闹声、公路上的车辆声、图书馆里安静翻书的沙沙声……让自己倾听每一个声音，而不去回应。倾听你此刻听到的声音。

· **经典的正念呼吸。**最经得住考验的正念就是正念呼吸。有意识地关注你的呼吸，感觉空气进入你的鼻孔，注意它滑过鼻腔的感觉有多酷。你不必想着那些“吸气 4 次，呼气 6 次”的废话。吸气时，你感觉躯干在扩张，呼气时感觉身体在收缩。注意到呼气时你的鼻子是温暖的。然后再做一次。即使你思维无序得像走投无路的黄鼠狼，也不要绝望。关注呼吸的机会一直有，这一生都有。

你也可以尝试其他练习和冥想。请记住那种感觉，“哦，我在看电影”，用这种感觉去观察一朵花、一个葡萄干，最关键的，你焦虑的思想。正如聂夫博士所说：“你无法治愈你感受不到的。”不管选择什么方式，你只需要关注，有意识，不加评判。

充满同情地和自己对话

以上是关于正念的内容，现在回到拥抱法。在我与聂夫博士的谈话中，她指出：“我们不能说‘不要相信内在评判’，而要转头问内在评判，‘你在怎么帮我？’我们发现，内在评判和自我同情想要的完全一样。”

还记得那两位游泳教练吗？表面上两位教练想要的都一样：让孩子们学游泳。第一个教练其实也是在以某种方式努力帮孩子。当我们因为担心自己会觉得尴尬，邻居会觉得我们很奇怪，而想要放弃邻里间的野餐时，可以问问内在评判在怎么帮我们。答案几乎总是，也一直是，“我在努力保护你的安全”。内在评判就像个神经质，它会说，“如果你不去他们那儿，就不会受伤害。你不去，保证就不会被嘲笑。安全总比后悔好，所以这次你何不待在家里呢？”

但是自我同情可能会告诉你，“亲爱的，我知道你很害怕。你和邻居不熟，这会让你紧张。不只有你这样，每个人有时都会感到尴尬和怪异，每个人刚搬来时都是新邻居。经验告诉你，刚见面时的确感觉很糟，但之后会好起来。你以前应对过困难的事，我知道即使现在紧张，这次你也能做到”。如果你觉得叫自己“亲爱的”太老土，那就不要这么叫。关键是要表达友善和支持，要勇敢。注意，自我同情没说，“亲爱的，我知道你害怕，那为何不待在家里，吃一大盒樱桃可可味冰激凌？”就像第二位游泳教练不会空口称赞或让孩子继续错误地踢腿一样，自我同情也不会让你随意脱身。第二位教练对于学游泳费力的孩子的教导是，朝着正确方向温和、友好地推进。自我同情也一样。自我同情知道我们都有自己的问题，何必假装没有呢？自我同情看到了我们的不足和失败，觉得这很正常，还给我们提供了一个安全有爱的地方。

自我同情喜欢全部的你。当你充满同情地和自己对话时，你就反转了一条黄金规则，不仅待人如待己，也要待己如待人。

自我同情与自尊心不同。聂夫博士认为，自尊心是一个标签："我很棒！我很美！"但是，即使给自己贴上积极的标签，如果我们足够幸运，"我很聪明""我很成功"也只是标签。这里的危险在于，我们往往为了守住正面标签而避免可能造成威胁的新尝试。还是那个词：逃避。事实上，2015年的一项研究表明，在练习自我同情的人群中，低自尊心对其心理健康几乎没有影响，这表明自我同情创建了一个缓冲区，编织了一张友善的安全网，使那些我们称为"走钢丝"的人免于崩溃。

如果你像我一样，第一次充满同情地和自己对话，整个过程只会持续3秒钟，之后大脑就像被牵引光束吸进去一样，又回到之前为暴露而烦恼的模式。这很正常。说到自律和可控，就想想上文提到的小狗和学步儿童。由于习惯了对自己苛刻，我们很难友善地和自己对话，但这就是正念要发挥作用的地方。这种"哦，我在看电影"的感觉，可以用来不加评判地观察你的焦虑思想，让你能再试一次。

将替换法和拥抱法付诸行动

让我们再把替换法和拥抱法放在一起。你可以单独使用这些工具，但就像两种好味道放在一起，味道可能会更好一样，这两个工具结合起来，效果会更好、更强大。

例如，我之前的一位来访者普拉纳夫在生物技术领域工作，他几年前创立了一家公司。为了拿到投资，他必须把自己的想法推销给价值数十亿美元的风险投资公司。讲述自己的推销经历时，他开玩笑说，（至少我希望他是在开玩笑）他的杯子里装的不是冰块，而是冰镇的金块。换句话说，是压力和巨大财富同在，任何人听到都会紧张。但公共演讲并不是普拉纳夫害怕暴露自己的舞台。尽管推销会让人紧张，但他可以一次次充满激情地去展示，赢得资方投资，之后再带家人去吃顿庆祝大餐。这样连续工作了 3 年后，他的创业公司被一家大型制药公司收购了，成了这家制药公司的一个部门。今天，普拉纳夫有 15 个直接下属，底下的员工就更多了，他只需向总裁汇报工作。普拉纳夫可以主持会议、做演讲，这没问题，发短信或电子邮件也没问题，但是他不能打电话。

通常，普拉纳夫会让妻子打所有的客服电话，不管是修煤气、有线电视还是移动电话。他也不给朋友或家人打电话，喜欢用电子邮件联系。他开玩笑说："谢天谢地，终于可以网上下单了。""我可以去拿吃的，让其他人来选择餐厅或点餐，我就是不想打电话。"为什么？普拉纳夫担心电话另一端的人会不开心。如果他被迫打电话，事后他就会反复想：我没说错什么吧？我语气合适吗？对方生气了吗？一想到打电话，他就会紧张焦虑。

于是，普拉纳夫用了一遍替换法和拥抱法。在“指明，指明，指明”时，他沉思了下。“这很难解释，”他说，“我觉得自己会成为别人的负担、会很烦人，或者正好赶上对方不方便的时候”。对于“最糟糕的结果会是什么？”他的回答是：“我猜电话那头的人会觉得我这人不行，他们会觉得我都不知道该什么时候打电话或者说什么。”很好，这个问题就是：“他们会认为我这人不行。”

那好，我们再来过下这些问题。第一个问题：“打电话到底有多糟糕？”普拉纳夫想了一会儿。“这也算不上什么灾难，”他慢慢地说，“我也不会死掉。但我想象着他们翻白眼和我说话的样子，就像我还是个学龄前儿童。”他又问了自己一遍这个问题：“打电话到底有多糟糕？”感觉很糟糕，会很尴尬。但设想一下从狂叫的看门狗到咆哮着咬人脚踝的狗等这些最坏的情况，他能够想到：我确实感觉有点儿过了，我知道也没那么可怕。我想，就算有人觉得我连点餐都不会，也并不是说我哪哪儿都不行。

很棒，现在看下“概率是多少”的问题。普拉纳夫想了想，他的结论是：“接订餐电话的人可能什么事都见过——喝醉酒的、吵架的……他们可能不在乎我是否在点餐的过程中改了主意。”

最后，“你会如何应对”这个问题。普拉纳夫沉思了一下：“要是有人生气？我想自己也做不了什么。我心里会不舒服几分钟，但之后就会被别的事分心——孩子、工作，还有别的事。”

用这样的方式，普拉纳夫把自己的焦虑从大号缩到了小号。焦虑并没有消失，但他已经能提醒自己，这并不像他最初想的那么糟，而且他可以应对。

下一步，拥抱。起初普拉纳夫在做正念练习时有些吃力，他很难只注意想法而不采取行动，解决问题的思绪很容易缠在一起。一个周四的晚上，普拉纳夫觉得特别累，感觉这周很漫长，他工作日程上的最后一项是打电话给澳大利亚的合作者。于是，他开始恐惧，但在那一刻，他发现自己可以驱走这些想法：“我累得根本没办法对这些想法做出反应。我偶然间的正念——确实是正念，让我看到那些担心的念头不见了，我对自己说了句‘哦’。意识到这一点时我很兴奋，就像意识到自己在看电影一样。”

他试图在下次点餐时再使用这个方法。这让他能看清自己的想法究竟是什么：“我当时想，接电话的人不管是谁，他都不会因为我要给他钱而对我吼，这种事绝不会发生。”

之后，他开始思考如何安抚有同样问题的儿子。用这种方式改变视角后，他能感受到更多的关注和温柔，这与他通常秉持的“要自力更生”的态度大不相同。“好的，普拉纳夫，”他说，“每个人都会焦虑，每个人都有自己的难题。你在努力，也决心去尝试。”他坐直了身体，“你可以忍受几分钟的尴尬。这么多年你都熬过来了，完全可以打几个电话的。只要你是在往前走，即使觉得尴尬也没事。”

你做得很棒，普拉纳夫。

我们再加大赌注。奈莉是一名社区大学的学生，25 岁左右，她想成为一名服装设计师，同时也在寻求浪漫的爱情。在网上认识并互发信息后，她决定赴约去见一个男人，但她很紧张。他们发过邮件和短信，对方看着很有趣，也很关注她在邮件和短信里写的那些话。如果照片可信的话，他还有点儿帅。但是奈莉讨厌见面的过程。她本想在出门前喝上一大口酒壮壮胆，又不想让自己闻起来一股酒味。“这不是我想要的形象。”她说。她还想改变自己第一次约会就和对方上床的习惯。她说，成年人在外过夜并不是问题，问题在于她这么做的理由是错的。“约会真的让我害怕。”她说。

所以在约会前，奈莉也使用了一遍替换法和拥抱法。首先，她问自己害怕什么（指明，指明，指明），发现脑子里掠过一大堆问题：如果他不喜欢我怎么办？如果他失望了怎么办？如果他认为和我约会是在浪费时间呢？奈莉不可能和问题争论，所以她把这些问题变成了陈述句，这样更容易对付：他不会喜欢我。他会失望。他会认为浪费了时间。但还不只这些。奈莉预见到了自己的未来：她看见自己和 9 只猫住在一起，结了婚的朋友们也早已远离自己。“我将永远孤单”，这是她最坏的设想。这样的想法在她的脑子里闪过，难怪她会焦虑。

其实，那几个神奇的问题适用于让你胆战心惊的任何想法。于是，她先问自己："这会有多糟？"她起初想，"真的很糟！我不想永远孤单"！但大声说出最糟糕的情况后，她意识到了自己的措辞有多极端。"独自一人！永远永远永远！"她停顿了一下，"但我不会被单独监禁或怎么样，这次约会并不能决定我的余生。即使没有找到伴侣，我也会活下来。这不是我期望的，我也不至于会死。"然后她又问："这些事发生的概率是多大？"她意识到，自己可以控制是不是要养 9 只猫，而且可以让担心的事发生的概率降为零。奈莉把自己拉回到现实中来，她想，现实中最糟糕的情况也不过是又一次尴尬的约会而已。接下来，在回答"我会如何应对"时，她想自己会在告别后回到家，换上运动裤看喜剧频道。奈莉意识到，这听上去也不差。

走到拥抱法这一步时，她已经感觉好多了，但还是让自己接着走下去。"我绝对知道同样情况下我会对朋友说什么。我上周就有过类似的对话，"奈莉自言自语道，"我当然担心，很多人在这种情况下都会有这种感觉。"这确实难。她告诉自己，寻找真爱对任何人来说都很难，在筛选过程中找到对的人需要时间，让自己走出去寻找这个人也很难。她庆幸自己这么勇敢，尽管这让她很不舒服。她提醒自己对方可能也紧张，或者就是个浑蛋，这样她就可以回家刷电视剧了。她总结说："我有勇气走出去，我能做困难的事。我一生中克服过很多困难，而且总能走出困境。"

最后，替换法和拥抱法不会让她感觉这些都像是谎言。它们并没有逼她要感觉好点。相反，令她惊喜的是，她感到如释重负。

现在轮到你了。首先替换挑战你的想法。

当我__________（感到焦虑的社交场合）时，
很明显，我_________（内在评判指出的我的问题）。

现在考虑你害怕的后果并问自己：

那真的会有多糟？

这真的是一场史无前例的灾难吗？真的吗？

如果你已经说服自己，相信不会有严重的灾难，那么可以直接问：

我该怎么应对？

如果没有说服，那就问问：

概率有多大？

更现实的是什么？什么更有可能发生？最后再问：

我该怎么应对？

想想你能集中的所有资源：家人、朋友、自我照顾、健康保险、小熊软糖……把这些资源全部都集中起来！

接下来，用拥抱法来给你自己一些同情心，就像对好朋友那样对自己说话，给自己抚慰、鼓励和支持。对自己的努力表示认可，承认自己的恐惧。即使你真的不舒服，也没人会注意到。你和自己对话时，用手臂抱住自己，仿佛真的在支持自己一样。拍拍自己的肩膀，或轻轻捏一下自己。如果你听到自己的话有点儿不入耳，原谅自己，再试一次。

我们要知道，替换法和拥抱法只是第一步，只是练习进入你害怕的情境的良好开端。替换法和拥抱法不会消除你的焦虑，但替换法中所提的问题会帮你减轻焦虑，拥抱法中的自我同情会让你感到安慰。

好了，我们都热好身了。总结一下：内在评判只想要你做到最好，但它是以一种无效的方式让你知道这一点的。所以请跟它讲讲道理，告诉它你有多强大。提醒它，友善胜过批评。你要告诉内在评判，“现在我要失陪下，去直面一些恐惧了”。

Part 3

用行动战胜焦虑

第 7 章

行动比信心更重要

布兰登·斯坦顿在切尔西的街道上来回搜寻。他每天要这样走大约 10 公里。布兰登是位摄影师，他的摄影博客《纽约的人》（*Humans of New York*）很受欢迎。截至本书出版前，他博客的关注人数已超过 2 000 万。算下来，他每在博客上发一张照片，要步行约 1.6 公里。他经常穿一条旧斜纹棉裤、灰色防寒上衣，头戴一顶针织无檐帽，这身装束完美匹配了他的嗜好。为拍出好照片，他把一米九五的自己当成了人行道上的移动相框。

看到三位身穿白色工服、头戴厨师帽的黑人女厨师在餐厅外休息时，布兰登一下子兴奋起来，快步走过去和她们攀谈。他的方式简单真实，不刻意也不虚伪。他这样跟我描述：“我开始和她们聊，就像我们之前已建立了某种联系，就像我们已经认识了很久。”谈话进行得比较顺利，他问这三位女厨师可否给她们拍照。边聊着天，他边把相机举到眼前，按下快门。故事和图像就这样轻松奇妙地融为一体。

当然，并不是每次都这么轻松。2010 年，布兰登辞掉了在金融业的工作，这位自学摄影的爱好者决定离开金融界，游走全美国。他先是在新奥尔良和匹兹堡等城市拍照片。几个月后，他来到纽约，第一次来这里时，他就立刻被迷住了。

拿着相机漫步纽约街头，布兰登身上没有钱，也没认识的人，但他每天都会上街，拍下数千张照片。起初布兰登什么都拍，建筑物、消防栓、路标等。他也会拍人，其实就是偷拍。慢慢地，他注意到，他在社交媒体上发给朋友和家人的人物照片反馈最多，人物照有着地标照不具备的吸引力。于是，不畏挑战的布兰登定下了“拍摄一万名纽约市民”的目标，并准备绘制一张互动地图，类似于做一次城市摄影普查。目标一确定，他马上意识到这个项目意味着要去走近一万人。他将不得不学会和陌生人说话。

在这之前，布兰登自认为很善于和人打交道。即便如此，他说：“最初几个月，每次在街上拦下陌生人时，我都很害怕。接近一个陌生人并且有可能被拒绝，这本身就会让你紧张。”

那么布兰登是怎么克服的呢？他是怎么学会和陌生人交流，就像他们已经认识了多年一样呢？

他说：“我只能不断地去做，直到不再焦虑。我什么都经历过，知道自己能应对，现在我可以很轻松地接近他人，不再担心他们会有什么反应。”

这次，布兰登拍完了最后几张照片，热情地感谢了三位大厨。开始寻找下一个拍摄对象时，他请我们强调他说的两件事：“第一，我的想象无处可去。”我们都知道，大脑总是倾向于去想象最坏的情况——“要是……”“要是有人拔枪怎么办？”“要是有人想绑架我怎么办？”大脑告诉我们最坏的情况是有可能发生的，但根据经验我们知道这不太可能。这就是为什么刚开始去接近陌生人时最困难，因为我们没有经验去缓和本意很好但保护过度的大脑的警告。走近一万名陌生人的经历使布兰登确信，即使在一个被钢筋水泥包裹的大城市，多数人也都是友好的。当然，有时他会被拒绝，有时也会得到粗鲁、荒谬甚至下流的回应，但他并不感到诧异，经验使他能抓住现实，即大多数人都乐于提供帮助。

布兰登说：“第二，我知道我能应对。”不管是直接被拒绝还是对方说话很粗鲁，或对方要非法兜售物品，布兰登惊讶地发现，自己几乎可以应对任何事。没有得到“好”的回应并不说明他自己就是个失败者，只能说明这次没成功，可以再试一次。事实上，被拒绝比被接受让布兰登能更深入地了解自己的能力，教会他要相信自己，也给了他做自己的信心。

我问布兰登，对于那些希望能够自在地与陌生人交谈的人，他会给些什么建议。“如果想和陌生人交谈时感到自在，”他说，“唯一的方法就是在你不自在时就去接近陌生人。”你必须通过很多次不舒服的经历，才能最终获得舒适感。事实上，布兰登计划的摄影普查后来没成形，但重要的是他成长成了自己。与上万人对话后，他赢得了自如和自信。

这听上去很熟悉，它就是“先假装能做到，直到真的能做到”。这是为什么呢？实际上，看到自己在行动时，你就会开始相信自己能做到。

当然，起初几次的失败的确会让你畏缩，也会让你感觉不公平。那么，我们什么时候才会觉得自己准备好了呢？在走近别人一万次之前，布兰登怎么知道自己已经准备好了呢？通常我们认为只有自己觉得准备好了，才是准备好了。如果感到焦虑，我们就会推迟行动。这种做法其实是退缩。你要像布兰登那样，记住：感到不舒服时，你就已经准备好了。开始行动，你的信心也会迎头赶上。

接触到这一概念后，我突然发现它无处不在。极为常见的一个观念是，我们得先有做一件事的意愿，才会去做这件事。想想所有你不愿意去做的事情：去健身房，吃沙拉，下线去睡觉，冥想……但一旦你去做了，是不是很高兴自己开始行动了？同样，假设你在学习一项技能，你实际有多少次是真心想练习？如果你和我一样，小时候上了 7 年的钢琴课，答案可能也不会超过两位数。同样，游泳的人很少期待自己游多少圈，练小提琴的人很少渴望去练习音阶。在漆黑寒冷的冬日清晨，想到要去溜冰场打冰球，你的本能反应就是赖在床上，而不是穿上冰鞋。

可一旦开始去做，你是否就会投入其中呢？即使从没有向父母或教练承认过，但你是否也享受一圈圈游的节奏，一次次在冰面上平稳滑行？一开始我可能不情愿，但终于能够强迫自己去弹钢琴时，我经常发现自己练习的时间超过了老师要求的 20 分钟。虽然没有承认过，但其实不是练琴本身让我痛苦，而是我内心的抗拒。

当感觉自己不想去上瑜伽课、穿上跑鞋训练、坐下来写作，或者不再看抖音而去专心工作时，我们可以使用这个小魔法：有动机前先行动。像布兰登那样，你不需要等到有想做的意愿时再去做。相反，你可以先行动起来，之后感觉就会跟上来。

你瞧，信心也一样。通常的迷思是“我感到自信时才算是准备好了”。其实，在你仍害怕或没准备好时先行动起来，可以让你获得自信。即使只是做做样子走走形式，你的信心也会跟上。

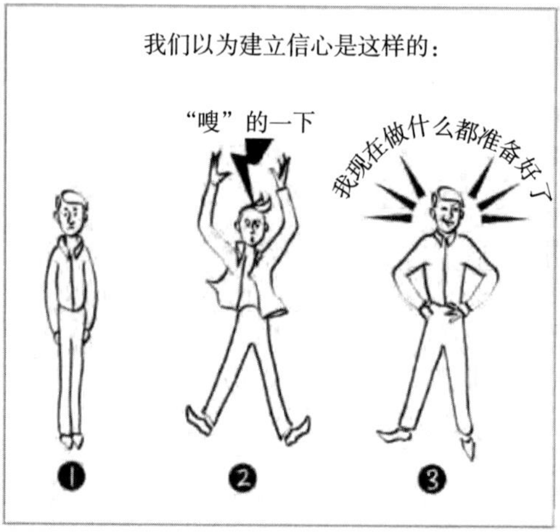

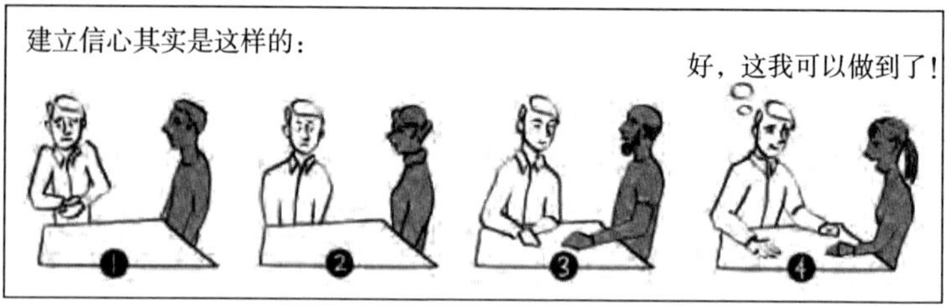

所以行动比信心更重要。真诚地去做，先假装自己能做到，直到真的能做到。像布兰登那样，先努力去做，再在不断的学习中建立信心。勇敢去做那件让你有点儿害怕的事吧。勇敢不代表不害怕，事实上恐惧才是勇敢的前提。真正的勇敢是感到恐惧但还是去做。

坚持一段时间就会有变化。社交焦虑会变成具体的事，而不是你的状态。你开始思考自己的焦虑：“我只是焦虑，不是做不到。”不要把社交焦虑看作锁住你的链条球，你可以捡起球带着它走。在感到自信前，你可以先开始行动。比如，走进一个拥挤的房间，和他人进行更多的眼神交流，稍稍放开自己。不用等到你觉得准备好了。可以先走出去练习下，之后我们的信心会跟上。

和布兰登一样，最初尝试的那几次最困难。经验不足以消除我们满怀恐惧想象到的所有可能的最坏情况，所以，在艰难的早期阶段，要把成就建立在你做的事上，而不是你的感觉上。你很焦虑，但还是和人家打了个招呼。你满头大汗，但还是跟老板大胆提了加薪的要求。你没有准备好完美的答案，但你举手了。你紧张得快吐了，但还是约了她出来。你的焦虑不可信，所以不要寻求它的反馈。看看自己做了什么。用你做到的来衡量你的成功。你是有信心的。看到了吗？它正向你走来。它正在全速追赶。

第8章

进行角色扮演，塑造真实自我

假装你是碧昂丝。

——我家附近小学一个五年级的小女生，她在春季演奏会前用这句话鼓励一位紧张的朋友

在《今夜秀》的一期经典节目中，约翰尼·卡森请来嘉宾罗娜·巴雷特，巴雷特是20世纪70年代的八卦专栏作家和名人访谈记者。她反客为主，问约翰尼是怎么开始演艺事业的。约翰尼分享了一段自己的回忆。他小时候在一出戏里表演，逗得观众哈哈大笑。那一刻，他意识到自己喜欢成为他人关注的焦点。巴雷特接着又问："你为什么想要被关注呢？"

卡森回答说："为什么想要被关注？因为我很害羞。这听着很矛盾吧？你看，在舞台上面对观众时，是你在控制着局面。而走下舞台，或者在那种有很多人的地方，你无法控制局面，就会

感觉难堪。所以，我进入了演艺圈，认为这能让我更好地，”他顿了一下，“克服那种羞怯感。”

约翰尼·卡森年轻时的直觉，我们很多人也有。有些人不想读骑自行车的指导手册，为了能上手骑，有一些结构感是有好处的。完全无法控制局面确实会让人茫然，不知该怎么办，该说什么。看上去有违直觉的是，赋予一项任务或一个角色结构对我们来说反而是种奇怪的解脱。对约翰尼来说，“艺人”的角色能让他确定自己的目标和方向。

无限选择带来的压力让人很难承受。如果你曾面对一张白纸却不知道该写些什么，或者面对一张空白画布不知道该画什么，那你就能明白这种从头开始的痛苦。奇怪的是，在一定约束范围内工作要轻松得多。比如，给一些指导、框定某种结构，或者有一个可遵循的模型，你会更自信。与我们的常识相反，限制会推动事情的进展。

结构在社交场合同样有用。如果你确定了一个角色或目标，不用去猜测，就会轻松得多。澳大利亚西蒙·汤普森博士和罗恩·拉皮博士的研究表明，把角色和规则不明确的非结构化环境，改为角色和目标明确的结构化环境，对那些容易产生社交焦虑的人的表现会产生巨大影响。

汤普森和拉皮邀请了一些社交焦虑程度较高的女性和社交焦虑程度较低的女性参加了这项研究。她们都不知道这项研究从进入实验室外的等候室时就已开始。每位受试者坐下后不久，一名男性研究人员就会坐在她旁边，开始跟她闲聊。这研究的是非结构化。他会友好地说一句“希望我们不用等太久”，然后就随意闲聊。沉默超过半分钟时他就会又说点儿什么，试图重新开始谈话。这样愉快或痛苦的 5 分钟后，一位研究人员会走进来，感谢两位的等待，并将任务调整为有结构的。“假设你们在一个聚会上，”研究人员指示说，“你们要在 5 分钟内尽可能多地了解对方。”接下来他们继续闲聊，但这一次，这些女性受试者有了一个任务结构。

这两段 5 分钟的互动都被录了下来。研究人员观看录像，并给这些女性受试者的社交能力评分，评分标准包括身体语言、会话技能等。在等候室进行的非结构性互动中，与不加思考就可以闲聊的低焦虑程度女性相比，社交焦虑程度高的女性得分要低得多。但在第二个 5 分钟的互动中，加入结构后，一切都变了。一旦有了一项任务要完成，两组女性的评分差距就急剧缩小，几乎是不分上下。结果表明，社交焦虑程度高的女性也有不少社交技能，她们只是需要一些结构来使用这些技能。即使是与那些比一般人自信、健谈的低焦虑程度女性相比，社交焦虑程度高的女性一旦有了一些明确的结构，就可以在她们通常会畏惧的闲聊中有出色表现。

结构可大可小，可长达几个月或只持续片刻。无论大小或时间长短，结构可以给你一个目标，给你一个定义。它能消除不确定性，给你清晰的思路和信念，让你对自己的技能有信心，进而对自己有信心。

你选择的结构可能是正式的和确定的。例如在婚礼上召集宾客拍照，或主动负责请宾客在来宾册上签名。如果你是某个组织的成员，担任领导职务，这样就有理由与成员交谈。如果你是位家长，可以在孩子学校的书展、糕点义卖或拍卖活动上做志愿者，练习与排队等候的每个人交谈。

即使没有预先确定的任务，你也可以通过给自己分配任务来创建结构。在社交活动上，你可以向大家介绍自己；在公司的节日聚会上，你可以和老板、关系好的同事聊天。或者，和上述研究中的女性一样，挑战自我，在5分钟内尽可能多地了解一个新认识的陌生人。

你可能会说，“等一下，我大概明白了，但如果我只是在扮演一个角色，这会影响到做真正的自己吗？设置了所有这些约束条件，我还能自在地做我自己吗？”

好问题。让我们再回到约翰尼·卡森那里。儿时的约翰尼就痴迷于魔法。他会在家里追着家人，让他们“随便挑一张牌”。他会对着镜子练好几个小时的魔术手法。十几岁时，他开始在家乡内布拉斯加州的诺福克一带表演。他表现很好，一天能挣到3

美元。这在 20 世纪 30 年代末对孩子来说是笔巨款。但他不是为了钱。

在《今夜秀》中，约翰尼和女演员贝亚·亚瑟做访谈时谈起了自己的过去："我很小就开始接触魔术，因为我有点儿害羞，总是活在自己的世界里。我觉得会表演就能去参加派对。我看过那些广告，'做派对的主角！找到女朋友！'我主要是为了找女朋友。当然这两样我都没成功，但很多人都这么做，他们喜欢起身去表演。即使不做你自己，你也可以成为瞩目的焦点。"

即使不做你自己，你也可以成为焦点。约翰尼的传记作者劳伦斯·利默在纪录片《约翰尼·卡森：深夜之王》中写道："约翰尼喜欢掌控感，作为艺人他可以做到这一点。他一直在表演，一直在学习，一直在拓展个性，他可以做除了他自己之外的任何人。"

约翰尼给了自己很多"结构"——魔术、表演等，但他从来都不善于做自己。就连他 30 年来的忠实伙伴埃德·麦克马洪也这样评价他："他和一千万人在一起时表现很好，和十个人一起时却很糟。"结构怎么对约翰尼本人不起作用呢？为什么他不能过渡到最终的角色——他自己呢？

答案在于这角色的源头。劳伦斯认为，对约翰尼·卡森来说，艺人这一角色，是为了赢得某个人的认可而创造的。他的母亲露丝不喜欢男孩，她说男孩又脏又烦人，她最喜欢的孩子是女儿凯瑟琳。所以约翰尼的角色，据说是为了得到母亲露丝的积极关注而创造的。如果他足够有趣、足够成功、足够有名，也许母亲会为他感到骄傲。他这样做不是为了自己，而是为了得到母亲的认可。但很遗憾，这也没能实现。据报道，在约翰尼事业如日中天时，露丝曾当着《纽约时报》一名记者的面，看了会儿《今夜秀》里约翰尼的独白，之后关掉电视说："这不好玩。"

能带你走向最终角色——你自己——的结构，和那些阻碍你成为自己的结构的区别在于：角色是否源自你的内心，而不是别人。它不能来自你无法取悦的母亲、你的老板、你当前的迷恋对象、美国社会，或其他任何人。你的角色必须由你自己选择，被你自己占据。

假设你是一座建筑，打造一个由他人选择的角色就类似于设计了一个虚假的外墙面。想象下荒野西部的一个小镇：风吹草低，马匹被拴在主街建筑物前的柱子上。小镇看着不错，对吧？但是在对着主街的墙面背后，你会发现都是些帆布帐篷和木地板，顶多能称得上是个建筑。的确，当旧西部的经济还在繁荣与萧条中摇摆，小镇前途未卜时，把建筑材料运过去的成本和风险太大。但企业主也意识到，他们需要树立一种成功和稳定的形象来吸引客户，就把资源投入到了令人瞩目的虚假外表上。他们专注于外在形象，却忽视了实际的建筑。

扮演被别人选择的角色就像在搭建一个虚假墙面。你把宝贵的资源都用在了外在形象上，而真正的实体建筑——真正的真实的你却被忽视了。虚假外表可能很引人瞩目，甚至很唬人，但它的目的是愚弄和欺骗。[①]

相反，扮演你自己选的角色则像是搭建脚手架。为建造或修复建筑，你需要在建筑墙面周围搭建临时结构。在加固建筑、用新材料和最后润饰前，脚手架能保证你安全地进入建筑物；等建造或修复工作完成，不再需要脚手架时，就可以拆掉它，此时你已拥有新的完好的建筑。扮演一个你自己选择的角色，给自己一些结构，可以让你建设和加强真实的自己。

那么，在现实生活中该怎么做呢？如何给自己分配结构，从而建设真正的自己？让我们来认识一下艾莎医生，她曾不得不面对自己时常出现的严重的社交焦虑。她是家里第一个上大学的孩子，也是全家人的骄傲。但无论是在她上的常青藤名校，还是在她事业起步的医院里，她都觉得自己与周围人不合拍。她认为自己不属于常青藤，她的教育和事业发展也都超出了自己的想象。她确信总有一天有人会注意到，跟她说“对不起，我们弄错了”，

① 当然，有时制造假象是必要的。如果你处境危险或遭受虐待，隐藏真实的自己可能关乎安全和生存问题。一旦摆脱危险，你就可以开始塑造真实的自己。

然后礼貌地把她请出去。[①]

艾莎的专业是现在很受关注的儿童自闭症。尽管她老怀疑自己，但其实她的专业技术很过硬。她开启了一个成功的应用研究项目，通过不懈努力，吸引了大量研究资金。这件事引起了医院高层的注意，艾莎发现不知不觉中自己在快速晋升。但是，她不但没觉得高兴，反而非常害怕，怕自己很快就会暴露出不足和无能。

艾莎来找我咨询时，她说自己应该在基层工作，而不是成为高层管理人员。一方面，她知道自己擅长照料患者。她真心喜欢帮助有自闭症孩子的家庭，尤其是那些努力平衡一切的单亲家长。但更大的问题是，艾莎认为自己只会干活，没有领导能力。第一次给医院领导做报告时她不知所措，只好在展示幻灯片的过程中，把做报告的任务交给一位同事。这位同事倒是不动声色，好心接了过去，就像是事先计划好的。但之后她带着疑虑和担忧去找了艾莎，艾莎为此也决定来找我。在与领导层的另一次会议上，艾莎假装要接个紧急的电话，好让自己到走廊，靠在墙上深

---

① 听着可能很耳熟。这叫冒充者综合征（也叫自我能力否定倾向），社交焦虑出现在你的工作中和学校里。冒充者综合征会对你低语：你不属于这里。他们让你进来是个错误。这里不适合你这样的人。冒充者综合征设想你会被揭露，结果就是可怕的羞辱。所以，人们对此往往有两种极端反应。一种是过度补偿自己认为的不足：过度准备，过度排练，过度努力；另一种是疏远和贬低自己的经历，坚持说“这不适合我”“这有什么用”，或者“我不打算去尝试”。

呼吸几下。她说，她把在会议上穿的“权力套装”看作演出服，和她平时在诊所里穿的工作服完全不同。

在一次会议上，艾莎看到医院50多岁的财务女总监，做了一个医院年度预算的报告。这位总监的汇报风格清晰且审慎，她讲述了病人如何从医院的投资和支出中受益的故事。艾莎发现，这些故事可以使医院财务的技术性陈述生动起来，大家也不至于很快就昏昏欲睡。

虽然艾莎当时很想尽快离开会场，但那一刻她意识到自己可以通过董事会为病人做更多事。她有机会让医院领导优先考虑她的病人——自闭症儿童和他们的家庭，因为董事会掌握着资金和人员的分配。因此，在财务总监和她讲述的故事的启发下，艾莎决定扮演一个角色，给自己设置一些结构，看看会怎么样。

之后，艾莎决定担起“病人代言人”的角色。她把病人的故事讲给医院领导层听：孩子们在学习与他人交流，他们的家人已倾尽所有来治疗。财务总监拿病人的故事来影响年度预算，艾莎也将让自己成为这些家庭的发言人。在每件事上她都会先思考：“怎样做对这些家庭最好？”她出现在高层领导的会议上，是为了这些家庭；她在圆桌会议上发言，是为了他们；她做展示报告，也是为了他们。

在这一角色的激励下，艾莎开始不断在会议上发言。一次次发言下来，高层领导也没那么可怕了。一开始艾莎只是自闭症儿童家庭的代言人，只是为了传递他们的信息。但慢慢地，艾莎的性格渗透到了代言人的角色中。有趣的是，代言人要站着发言、大声说出想法、举手提问，渐渐地这些行为渗入了艾莎的性格。看着自己做的这些事，艾莎开始相信自己能做到。

约翰尼·卡森扮演的角色是个表面形象——为了取悦他无法取悦的母亲而建立的虚假外表。相比之下，艾莎的角色是个捍卫者，她的所作所为要对病人的家庭有利。凭借这一安全约束，她能够建造自己的"建筑"，直到不再需要"脚手架"。成长使她不再需要角色这一结构。她仍可以代言，但现在她凭自己就可以代言。

扮演一个角色，就要看着像这个角色。给你自己设立一个强大自信的姿势，无论是坐着还是站着，想象一下开放、强大、自信、坚定的人会如何展现自我。这就形成了两个反馈循环：一个反馈给你自己，一个反馈给别人。摆出自信的姿势会向你的大脑传递自信的信息。不管是邀请曼哈顿街头的陌生人拍照的布兰登，还是为自闭症儿童代言的艾莎，只要看上去相当自信，对方就会尊重你。

埃米·卡迪博士首创的"高能量姿势"就是基于这一原则。研究人员还在争论高能量姿势是否是通过改变皮质醇和睾丸激素起作用，但可以肯定的是它能改变你的心态，很多高能量姿势的拥趸都有这种感觉。事实上，你并不是在假装强大，你是在呈现强者的姿态。

传统上，做出高能量姿势是在为重要时刻做准备。在试镜、面试或演讲前，很多人会躲进洗手间的隔间里。其实，高能量姿势在重要社交活动之前、之中或之后都可以帮助缺乏自信的我们。感到害怕时，你可以先花点儿时间让自己摆出一个自信的姿势。为什么呢？因为我们的大脑喜欢去协调姿势、面部表情、声调和情绪，就像在精心搭配一套衣服，这种现象叫作一致性。你可以试试这样：懒散地坐着，双臂交叉放在胸前，皱起眉头，然后说“我准备好接受挑战了”。你是不是觉得没有什么说服力？现在以经典的“神奇女侠”姿势站立：双脚分开，双手叉腰，拳头放在臀部上，下巴抬高，然后说“我准备好接受挑战了”，这下感觉不同了吧？不仅情绪会影响身体，身体也会影响情绪。

和艾莎一样，大多数有社交焦虑的人都不愿扮演只对自己有利的角色。他们若不能用自己的力量去做好事，成为神奇女侠或超人就没有意义。这是社交焦虑的一部分：为自己获益不是我们的风格，但我们会为爱的人或信仰的事业挺身而出，比如艾莎为她的病人家庭代言。所以，我们可以组织一次聚会，帮正在学步的孩子发展社交能力；带爱犬去狗狗公园，问问别的狗狗叫什么名字；给新来的同事做自我介绍，让他感觉更舒服些。或者像本章开头提到的那个女孩一样，建议你怯场的朋友把自己当成歌星碧昂丝——当然这有点儿夸张。

说到让别人更舒服，了解了社交焦虑后，你会发现它无处不在。例如，一个人在聚会上独自站了一会儿后，几乎可以肯定他会拿出手机来消除内心的尴尬。扮演一个让别人放松的角色，可谓一举两得。事实上，绝大多数人都更喜欢别人主动来和自己聊天，所以，如果你主动的话，他们会很感激你。为了让别人感到更舒服，你要给自己分配个任务：在某个活动上找到一个没有伴的人，跟他打招呼。他会因此感谢你，更重要的是，你离开时会感到更快乐、更强大。

芝加哥大学在2014年进行的一项创新研究发现，在乘公共交通上下班的路上，通勤者大都沉默不语。但主动跟陌生人打招呼不仅能点亮对方的一天，还能给自己带来回报。这项研究要求通勤者上班时在车上与陌生人攀谈，谈话时间越长越好。为了搭建出一些结构，需要“找出一些关于对方的有趣的事，告诉他们一些你自己的事。目标是今天早上试着去努力了解下旁边的人”。那些被随机分配到独处任务的受试者则需要“在地铁上享受独处，花点儿时间独自思考。目标是专注于自己和即将开启的一天”。可以预见，那些分到主动攀谈任务的受试者最初并不情愿，他们原以为这段经历会很尴尬、不愉快、无价值，但结果恰恰相反。令人惊讶的是，与那些按要求独处的人相比，与陌生人交流的通勤者的体验要积极得多。此外，通勤的效率并没有降低，与陌生人交流的受试者的效率水平与独处的受试者几乎相同。的确，给自己安排个任务，跟对方说句“早上好”或聊聊天气，就算对话到此为止也没问题。当然，对话也可能继续下去，你和陌生人之间有一次愉快的对话，这能提振你的情绪，为一天的有效工作注入活力。最重要的是，它还能给你的建筑增添一块坚实的砖块。

唯一要注意的是：不要选一个让你用来躲避的结构。宴会后帮忙洗碗是一种善举，但如果只让你待在厨房，而其他人都在门廊上边喝咖啡边聊天，那么你的“建筑”就被忽视了。

无论你选择什么结构——大还是小、长期还是暂时，履行职责时，你就是在用一块块“砖”建造着你的“建筑”，也就是你真正的自我。非官方摄影师的角色是一种结构，它教会你要自信，还要有礼貌：“请大家都往里点儿！琳达，能把你的太阳镜拿下来吗？”给家人打订餐电话的角色会让你发现，接电话的人并不指望你一字不差，点到一半时，你家孩子要把香肠换成意大利辣肉肠，对方也可以应对。

在一定时间内，你的结构可能充当着向导的角色，但最终，你是在建设自己，发现自己可以有多强大。事实上，经过一段时间的练习后，你会发现自己已不再有虚假的外表。

第 9 章

重复去做，直面恐惧

1932 年，纽约市。19 岁的阿尔伯特——一个瘦瘦的男孩，站在布朗克斯植物园里，紧张地咬着指甲，远远注视着坐在公园长椅上的一位美腿女孩。过了一会儿，他挺起肩膀大步走过去，坐在了那位女孩旁边。他面带微笑地对她说：“今天天气真好。”

快进几十年。这个瘦瘦的男孩后来成了心理学界一位传奇人物，他在植物园的经历为早期认知行为疗法奠定了基础，而认知行为疗法正是本书的基础。为什么要以它为基础呢？简单回答就是，因为有效。多年来，认知行为疗法一次次被证明是应对各种心理健康挑战最有效的治疗方法，包括抑郁症、创伤后应激障碍，以及社交焦虑障碍。但在 1932 年，19 岁的阿尔伯特 · 艾利斯并不知道，在被问及历史上最有影响力的心理治疗师时，当代临床心理学家会把他排在弗洛伊德之前。在 1932 年，十几岁的艾利斯只知道他害怕和漂亮女孩说话。

尽管艾利斯成年后声名显赫，但他小时候是个很害羞的孩子。他拒绝参加课堂戏剧表演，必须要背诵诗歌或去领奖时，他都焦虑得满头大汗。于是在 19 岁时，艾利斯给自己定了个任务：设置某种结构。他决定和尽可能多的女性说话。他每天都会去植物园。2004 年，90 多岁高龄的他在接受美国国家公共广播电台的采访时，回忆起这个任务："每当看到有女士独自坐在公园长椅上时，我就会走过去和她坐在一起，并且给自己一分钟时间和她说话。当时我想，如果我死了，那就死吧！"一个月的时间里，艾利斯与 130 多名女士进行了交谈。他勇敢地走过去，坐下来，和她们打招呼。结果发生了什么呢？艾利斯说："从哲学和认知的角度看，什么都没发生，没人切掉我一块肉，而我拥有了 100 多次愉快的谈话经历。"

什么都没发生。这是理想的结果：什么都没发生。我们的想象力无法想象到，我们内在的评判无法预测到。一旦经历过被拒绝，就知道现实其实很少像我们想象的那么糟。

艾利斯另一个发现是，重复做是关键。就像布兰登 · 斯坦顿的经历一样，万事开头难。但每次艾利斯走近一位新的陌生女士时，他都能感觉到容易了一点点，渐渐地他也没那么焦虑了。更重要的是，他恢复得越来越快，让他满头大汗的焦虑时间越来越短。事实上，当你的信心跟上时，当你开始选择你的结构和扮演你的角色时，你一直在等待的结果就会发生：你的焦虑会一点点消失。这不是我说的，是阿尔伯特·艾利斯说的。

三张图表

既然说一图胜千言，那就让我们用图来描述下在年轻的阿尔伯特·艾利斯身上发生了什么。先看第一幅图：横轴代表时间，纵轴代表焦虑水平。用书面语来说，“放松”在底部，“抓狂”在顶部。

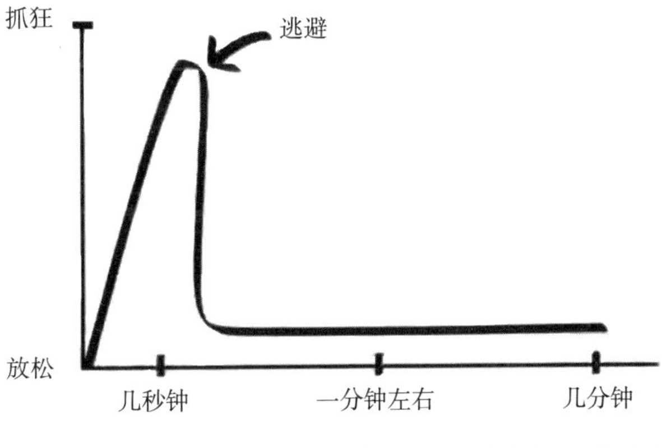

你知道，社交焦虑就像万圣节鬼屋里的鬼怪，会突然跳出

来。几秒钟内所有系统启动。你有种想离开的冲动，想赶紧跑远点儿以免被看到；或者想拿出手机，这样就不用和别人眼神交流了。这种逃避有时会缓解焦虑。逃避时，焦虑会神奇地消散，留给我们的不仅是种解脱，还有种不幸的确认——确认我们刚刚避开的是如假包换的危险。这包括：和孩子同学的妈妈闲聊，和同事在休息室聊聊昨晚的赛事，或者在公园长椅上和美女聊上几句。更重要的是，逃避会让我们产生一种挥之不去的感觉，觉得自己无论如何都应对不了。

与之相比，看下一张图。如果坚持住会发生什么——我们在派对上勇敢地花几秒钟加入其他人群的交谈；在课堂上举手发言；年轻的阿尔伯特主动坐在有美女的长椅上，焦虑程度会激增，但坚持下去，到了山顶后就开始下降了。有升必有降。如果我们越过峰顶，而不是去逃避，就会学到完全不同的一课。我们不会强化那种“坐在长椅上的女孩是我们需要躲避的威胁”的想法，相反，我们会了解到她很有礼貌，即使她已经有了男朋友。我们会明白，即使不舒服，坐在那里也要不了我们的命，我们能应对，即使脱口而出的话没那么流畅幽默。当然，焦虑感下降的速度比我们逃避的速度要慢，但在这漫长的下降过程中，我们会懂得布兰登·斯坦顿和阿尔伯特·艾利斯所说的道理：第一，我们比自己想象的要安全得多；第二，我们能应对。

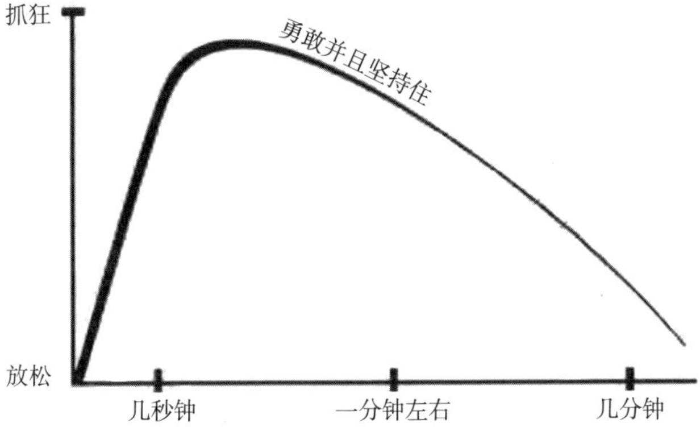

现在，让我们把注意力集中在最难的部分：峰顶。这就是吉姆藏在灌木丛中的时候，就是艾莎假装打电话的时候。我可能会选择不穿过马路，以避开那些在人行道上举着写字板面带微笑、为非营利性活动积极筹款的好心人，即使这样做就得放弃去吃我想吃的墨西哥玉米卷。这个峰顶看着很高，但实际很矮。攀顶并越过峰顶其实不需要太久，也许就 10 秒到 1 分钟。那就努力勇敢一分钟吧。一旦登顶，接下来就是下坡了。只要我们坚持下去，就会越来越容易。别忘了，我们还能去吃墨西哥玉米卷。

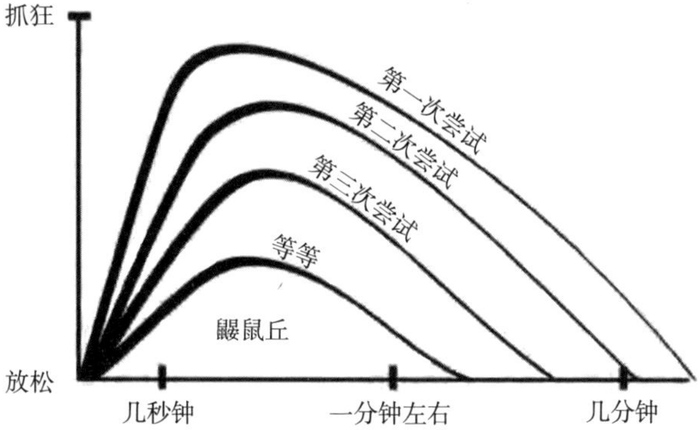

还好你不需要像艾利斯和布兰登那样，去接近 130 多个漂亮女性甚至是一万个陌生人。起初的接触是最难的：第一次谈话，第一次读书会，第一次垒球训练。但不要试过一次就止步，下次有机会可以再试一次。每一次，你的焦虑程度和持续时间都会降低，你的焦虑之山将被削成鼹鼠丘，而你的信心将会长成一座高山。

第 10 章

集中列出你的挑战清单

我的生活充满了可怕的不幸，其中大部分不幸从未发生过。

蒙田，
法国作家

蒋甲 16 岁时，满怀雄心壮志，从中国来到美国，他很想成为下一个比尔·盖茨。时间过得飞快——高中，大学，第一份工作，商学院，结婚……不知不觉蒋甲 30 岁了，贷款买了房，结了婚，很快要当父亲了。蒋甲知道如果不马上采取行动，他就会固化在中年人和中层管理者的状态中。于是在妻子的支持下，蒋甲抓住机会，辞掉了年薪六位数的工作，开始追逐自己毕生的梦想：创业。

蒋甲觉得自己如身在天堂般幸福。一切都是他希望的样子：有创造力，大量社交活动，快节奏的生活。他也绽放着活力，满怀希望。但4个月后，就在一大笔资金即将到位，他的梦想马上要成真之际，投资者弃他而去，而蒋甲还有4个雇员和妻儿要养活，他的收入几乎为零。蒋甲崩溃了。他知道必须尽快找到新的投资者，但焦虑像洪水一样涌来。他想，原先那个投资者是位经验丰富的企业家，如果他认为我的公司不值得投资，那一定有他的道理。蒋甲的怀疑像雪球一样越滚越大。“你就是在盲目效仿别人。”内心评判嘲笑他。一想到要四处去寻找更多资金，他就不知所措，可能被拒绝太可怕了。

蒋甲意识到焦虑在阻碍他去实现创业梦，于是他决定战胜焦虑，启动一个训练营风格的项目，他称之为“被拒100天”。没想到这个项目最终让他写成了一本书《被拒绝的勇气》(*Rejection Proof*)。每一天，他都尽最大努力主动被拒绝。他向素不相识的人提出荒唐的要求，比如“你要不要来个瞪眼比赛？”“我可以在你的床垫商店里睡午觉吗？”“你能把这个包裹寄给圣诞老人吗？”“我可以从消防站的柱子上滑下去吗？”“我能做这家商店的真人模特吗？”很多人都会说“不”，但因为他就是在寻求被拒绝，别人说“不”就意味着他的项目成功了。

虽然很多人说了“不”，但让蒋甲惊讶的是，更多的人会说“可以”。“你可以在我家的后院练习足球。”“你可以坐在我警车的驾驶座上。”“你可以给我的大学班级做演讲。”“你可以在这班西南航空公司的班机上广播。”“这个会跳舞的圣诞老人可以教你跳道基舞。”“我可以在15分钟内用我们的甜甜圈给你做个奥运五环。”

当然，你不必像蒋甲那样请狗狗美容师帮你理发。但是，和蒋甲一样，采取行动，直面你的恐惧，这一点很重要。所以，选择一些让你害怕的事情——不是会让你吓尿的那种事，而是你有点儿害怕的事。直面恐惧的方法，即暴露法，是一种练习方法。

阿里是我多年前的一位来访者，在我的心目中，他在应对社交焦虑的暴露法的掌握程度方面排名第一。我们第一次一起练习时他不太情愿。于是我决定先从我工作的医院里做些简单任务开始。我先向服务台询问去餐厅怎么走。接下来轮到阿里问。然后，我们分别拦下一名身穿浅橙色上衣的医院志愿者再次问路。不到半小时，阿里就进入了状态。我们走在人来人往的走廊上时，他不需要我任何提示，就拦住了一个陌生人问去停车场的路，之后向她道谢。他开始即兴发挥，不断重复。他拦住另一个陌生人问路，这位小伙子让他继续沿走廊走，但阿里走了相反方向。小伙子小跑着跟上他说：“嘿，老兄，不对，走这边。”阿里假装突然明白了，当小伙子微笑着祝他今天愉快时，阿里向小伙子表示了感谢。我站在后面，惊讶而骄傲地看着他。阿里简直像是暴露法DJ，把好的做法重新组合，自己玩得很开心。然后，他又向一个陌生人问路，眼睛闪亮着问那个陌生人“哪边是左边”。

陌生人眼都没眨，指着说“那边”。没有人惊讶地扬眉。阿里有些兴奋。“估计我玩倒立也没人在意！”他大声说。训练结束后，我们互相道别，我从办公室门缝偷偷往外看，以为他没准会倒立在候诊室的中央。

你可以问问自己，如果克服了恐惧，你会做什么。不是“我会有什么感觉”，而是“我会做什么”。如果感觉自信，我会做什么？布兰登·斯坦顿的答案会是：“如果我没觉得有什么不舒服，我会问陌生人能否给他们拍照。”艾利斯的答案是：“如果我不焦虑，我会和那些漂亮女孩聊天。”对于蒋甲，答案是：“如果我有信心，我就可以直面拒绝，拍掉身上的灰尘再试一次。”

你呢？你会答应更多邀请吗？会把自己介绍给更多人吗？即使担心紧张脸红也会去吗？不管答案是什么，请把你的目标具体化。如果能核对自己的目标清单，你就会知道自己已在正轨上了。“课后问教授一个问题”，打钩；“做这个演讲时，我大部分时间都要看着观众”，打钩；“打电话给客服，不用先排练想说的话”，打钩；“去詹姆斯的派对，跟两个人聊聊天”，打钩。为什么目标要这么明确？如果你的目标模糊、不明确，比如“自信”“给人留下好印象”或“表现正常”，你就没办法判断自己有没有做到。我知道我总是可以更自信，如果问内在评判，我表现算出色还是正常，不管实际进展如何，他都会嗤之以鼻。而有了具体目标，目标实现时你就能知道，你就能得到那一刻的回报。

打造你的“真实列表”

想象一下你的后社交焦虑生活，这是列出挑战清单的第一步。挑战清单类似于愿望清单，因为它是一个要征服的事情的列表。

把挑战清单这个方法介绍给来访者时，我会承诺和他们一起去做那些可怕的事情。凭良心讲，我不可能要求他们去做连我自己都不愿意做的事。为了能让他们克服社交焦虑，我向陌生人问路，在拥挤的电梯里故意按错按钮，和来访者一起慢跑，在公共场合把咖啡弄洒，撞翻纸巾卷（我会再把它们捡起来），在走廊里走来走去，故意把卫生纸粘在鞋上……还有很多别的事，我都能不费力地做到，因为对这些事我不恐惧。但以下这些事是让我恐惧的：

1. 有人在等我的停车位时，我能以正常速度开走，而不是紧张地匆忙驶开；
2. 在孩子们和亲戚视频聊天时，我可以加入他们的对话；
3. 给一群我不太了解的人讲故事；
4. 主动向经常见到但不知道名字的人介绍自己。

这些事会让我害怕。如果我让你做你害怕的事，而避开我害怕的事，那我就是虚伪。相信我，我想过装装样子，但为了你们——我亲爱的读者，我将直面我的恐惧。

我们来看第一件事。我讨厌有人等我的停车位，我会感到很有压力，想象对方会对我失去耐心。我担心他会反感地按喇叭，或者对我竖起中指然后呼啸而去。于是，为了训练自己，我决定下次有人在等我的车位时，我就按自己平常的速度来。发生什么了吗？什么都没有。那个人在等我，完全没问题。几天后，又有人在等我的车位了。这次，等我的司机慢慢地把车开走了，很显然我有一车吃的用的，还带着两个男孩子，他们扭动着身子不肯坐在儿童加高座椅上。这个司机没按汽车喇叭也没竖中指，只是往前开走了，找一个可能会在日落前能腾出车位的地方。

但即使他按了喇叭或向我竖了中指呢？还记得第 5 章里提到的替换法吗？那会有多糟呢？概率有多大？我该如何应对？被陌生人按喇叭或竖中指会让我有点儿惊慌，但我能应对。我可以给丈夫发短信说："你能想到还有这种人吗？"我可以把它变成教育孩子保持耐心的机会。总之，这没什么。

说到竖中指，注意在挑战清单上列出并练习那些让你害怕的事情，但不要练习去做个"浑蛋"。练习做真实的你，而不是愤怒、精神错乱的你。你一想到要怒斥你的老板，就会感到焦虑，但这不是你要练习的。路怒症会让你焦虑，但这也不是练习的好选择。

选择那些能帮你建设真实自己的事。事实上，你甚至可以把这个叫“真实列表”。想想看，如果没有焦虑阻碍你的话，你会做什么？如果不用过度思考的话，什么事是你想做的？敢于直面恐惧的你会做什么？把那些大大小小的事情都列在清单上。

现在，让我们从你害怕的事情开始。列举一些小的、具体的事，它们能帮你买到一张通往社交焦虑之地的快车车票。

1.____

2.____

3.____

4.____

下次有机会时，尝试下你清单上罗列的事。剧透警告：对挑战的预期比实际去完成挑战，感觉要糟很多。这是一个常见问题，叫作焦虑不匹配，原因是，就像我担心别人等我停车位一样，你有意去尝试一些舒适区外的事，就会发现结果常常是没什么事。有时，我们可能会看到有人扬起眉毛或者吃惊地看着我们，但没什么事是我们应对不了的。比如，蒋甲了解到，宠物美容院的女士给他解释她们不给人理发时会咯咯笑，她们很友善，不会有灾难性后果，也没人会报警。没人问他“你怎么这么蠢”，也没人会生气。但是这一切，我们必须经历过才会相信。的确，当我和蒋甲谈论他的预期和实际经历时，他说：“这种焦虑不匹配很快就能得到纠正。经历几次后，你就可以迅速校准。刚开始时，我脑子里想的都是最糟的情况：对方会掏出枪，报警，或者让我滚出去。我的脑子把这些当成预知结果，但到最后，我几乎可以在任何地方向任何人提出任何要求。”

所以，在尝试挑战清单上的事之前，如果你有点儿怀疑，没关系。普拉纳夫在点餐时会感到焦虑；奈莉在约会前会感到紧张；阿里不想去问路；在儿子的学校，我向其他父母做自我介绍时会紧张，但我还是做了。这才是最重要的。你是否能加薪，拿到美丽姑娘的电话号码，或是收获别人的微笑……这些都不重要，重要的是你去做了。任务完成得成功与否，与结果无关，唯一的衡量标准是你做了吗？做了？那好，给你奖励一颗小星星。

当然，你不用事事都列入挑战清单，你也可以随时来点儿小挑战。前不久，我 4 岁儿子的书包不知怎么落在了学前班里。当天晚上，我才想起他书包不在家也不在车里，又不想在第二天早上去学校时，看到他书包里有一盒长了毛的意大利面，于是赶紧去他学校拿。当我把车开进异常拥挤的停车场时，透过学校的大玻璃窗，我看到里面正在开全体教工会议。那一刻，我想到自己得先穿过学校的所有教工，包括校长、儿子的老师，才能拿到他的背包。我在车里坐了一会儿，有种想回家的强烈冲动。但我对自己说：即使没信心，也去做吧。然后我下了车，走进去，微笑着边挥手边从所有人身边走过，抓起书包，往外走。儿子最喜欢的老师就坐在门边，她微笑着冲我挥手。我跟她说："我忘拿书包了。"她低声说："没事，明天见。"简单说，没什么高潮。回到家我都没想起来要告诉丈夫这件事。生活中一个接一个的挑战，让我不断懂得，结果并不像看起来那样，即使出了问题我也能应对。我想，你也可以。

扔掉你的"救生圈"

在完成挑战清单的过程中，如果你开始觉得有点儿阻碍，那也不用担心。包括我在内，很多人都有这样的经历。他们做了该做的一切：全力以赴，勇敢面对。他们会坐在屋前门廊上弹吉他，直到唱完所有的歌；他们会挺胸抬头去参加社交活动；他们会在聚会上一直坚持着，直到只剩自己一个人站在那儿。但回到家还是会失望。"我做到了，知道这一点很重要，虽然我自始至终感觉都很糟，"他们会难过地想，"我的焦虑一点儿也没减轻。"

别担心，这种情况经常发生。既然你愿意登山，为什么不顺山而下呢？答案是你可能在不知不觉中阻碍着自己。怎么会呢？我们请加拿大不列颠哥伦比亚大学的林恩·奥尔登博士出场吧。奥尔登博士研究社交焦虑近40年了。她和自己曾经的学生查尔斯·泰勒博士的两人合作组在研究社交焦虑方面颇有建树。泰勒目前在加州大学圣地亚哥分校任教。我和他们交谈时，奥尔登博士讲了她的一位女性来访者的故事。我们叫这位来访者贝丝吧。贝丝只要看到有吸引她的男人在她身边，就会马上离开房间。想象一下，如果你是那个男人，每次走进房间，贝思都立刻站起来离开，你会怎么想。

离开房间是贝丝的安全行为。你的安全行为可能是：你一走进聚会就先喝上几杯；吃午饭时如果有陌生的朋友，你就始终和熟悉的好友待在一起；你的眼睛盯着地板；你在人群边缘徘徊……安全行为是我们为掩盖自己认为的不足之处而采取的行动，掩盖那些内在评判说我们有问题的地方，但这些行为正是我们的恐惧依然存在的原因。为拯救自己所做的事让我们深陷泥潭，这其实很讽刺，因为安全行为就像救生圈一样把我们压在了水下。

为什么我们一直在采取安全行为？因为这样做时，我们会有种隐藏感，感觉更安全。但实际上我们并没有真正地隐藏起来，我们还是在众目睽睽之下。即使我们感觉在隐藏自己的缺点，别人还是能看到。我知道这一点听起来很明显，忙着保护自己的安全时，我们实际发出的信息并非如此：我们先排练好说什么，好让别人觉得我们说得好，但结果却显得自说自话；我们不停地问别人问题，以免谈论自己，结果让对方感到像在被质问；我们同意老板说的每句话，却让她怀疑我们是否真的在倾听。

正如奥尔登博士所说，“每个行为都在向他人传递信息。有社交焦虑的人可能会忘记这一点，他们以为自己在消除痕迹”。但实际上安全行为传递了明确响亮的信息，这些信息恰恰与我们的努力相反。我们无意中传递的信息是“我冷漠，我疏远，我势利，我易怒”，而事实并非如此。奥尔登博士的来访者贝丝认为，只要离开房间，她就能安全远离她喜欢的人了。当然对方还能看见她。她觉得自己看上去会显得冷漠高傲。在奥尔登博士的帮助下，贝丝学会了待在房间里，这样她才有机会知道，不仅她喜欢的那个男人很友好，而且即使不采取安全行为，她也是安全的。她的“救生圈”确实把她压在水下了。

多年来，奥尔登和泰勒两位博士一次次看到这种情况发生。当他们的来访者开始从别人的角度来看自己的安全行为时，最重要的灵感时刻就到来了。的确，想象一下，如果你看到有人在室内戴着墨镜，翻看智能手机，抱着胳膊望向地板，或者你一走进房间他就马上离开，你会做何反应。你会认为他不想和你说话，或者他不喜欢你。我还记得自己的灵感时刻：高中时，一个特别不会说话但很诚实的男孩在我的留言本上写了一句话，说他觉得我“清高但很可爱”。这让我开始明白，我在努力控制自己的焦虑的同时，也在疏远别人。

该如何解决这个问题呢？如泰勒博士所说，“我们希望人们像科学家那样做。首先要好好了解下自己使用的安全行为，然后可以做些实验，看看如果移除安全行为会发生什么”。

好消息是：扔掉把你困在水下的救生圈不仅可行，而且有效。我们是怎么知道的呢？在过去 10 年里，奥尔登和泰勒进行了一系列开创性的研究，要求人们扔掉救生圈。她们告诉我，在这些研究中，有 92% 的人可以马上识别出自己的安全行为。我当然清楚自己过去是怎么做的：避免眼神接触，避免自我介绍。但好笑的是，我又表现得好像我认识别人，这让别人很困惑，大家也都尴尬。意识到自己的所作所为后，我就不再这样做了。在奥尔登和泰勒的研究中，他们发现参与者可以停止自己的安全行为。

在几项研究中，奥尔登和泰勒要求有社交焦虑的参与者与实验室的工作人员进行 5 分钟的交谈，这也是结识新朋友时必须要做的，在闲聊中互相了解。交谈之前，参与者被问及他们担心在对话中会发生什么，或者说他们的内在评判预测会暴露出什么。回答五花八门，包括"我会说些蠢话""对方会对我印象很差""对方会觉得我很怪"，等等。

接下来，参与者被问及他们的安全行为。他们会做些什么让自己感到更安全，或者防止暴露发生？答案也是各式各样：

> 我会好好想想怎么把话说对。
>
> 说话时，我会把手放在嘴巴前。
>
> 别人说话时，我会预演我接下来要说的。
>
> 微笑，微笑，再微笑。

> 我会注意吐字清晰。
>
> 我会持续监控我说的话。
>
> 我会试着深呼吸，让自己冷静下来。

然后，一半参与者得到以下指令，把他们的个人恐惧和安全行为填进空白处，就像这样：

> 为帮助你克服焦虑，重要的是去发现你害怕的事是否真的会发生。为达到此目的，你要尽量不去做那些你通常会做的、生怕别人认为你很笨的事。例如，在谈话过程中不要做任何事来保护自己，不要回避眼神交流。只想着你不回避眼神交流会怎样，这样你就能看到自己的预期是否会被证实。

另一半则没有被告知有关安全行为的信息。他们被告知要耐心等待。克服焦虑就像泡热水澡：刚开始不舒服，但过会儿就会习惯，感觉也会好些。

之后每个人都被要求进行 5 分钟的一对一谈话。结果真的很惊人：首先，那些放弃安全行为的参与者看起来没那么焦虑。的确，不再努力去隐藏时，他们看上去更自在了。

接下来，奥尔登和泰勒询问工作人员的谈话经历，看看他们更喜欢和谁交谈。结果是那些放弃安全行为的人。他们更愿意和谁待在一起？同上。他们想和谁做朋友？同上。你都猜对了。

最有趣的是，放弃安全行为的参与者认为工作人员喜欢他们，因为他们看上去没那么焦虑。但事实是，工作人员认为原因是他们交谈时更友好、更坦率，同时表达出兴趣，与他人积极地交流。换句话说，参与者认为工作人员喜欢他们，是因为他们表现不好的地方少；实际上工作人员喜欢他们，是因为他们表现好的地方多。一旦那些原本用于预先演练或努力管理形象的能量都被释放出来，这种真实的友好，很自然地填入了空白处。

还是那个词：真实。换句话就是，做你自己。事实上，在使用安全行为时，我们知道那是假的自己；我们知道，展现给世人的不是真实的自我，而是一个经过过滤、高度管理的版本。安全行为的目的是隐藏真实的自我——你的内心评判认为有缺陷的那个真实的自我。安全行为让我们陷入这样一种想法，即我们不讨人喜欢或是有缺陷。而我们也从来都没有机会证明这些想法是错误的。讽刺的是，当参与者不再试图自救，可以做回自己时，他们反而能够真实地与他人联结。当然，不出所料，与那些仅被告知要坚持和等待的参与者相比，他们的5分钟谈话经历也更愉快。

对蒋甲来说，他最初两次不同的被拒经历说明了用安全行为隐藏和不用安全行为的差异。第一天，第一次寻求被拒时，他决定向一位陌生人——一幢办公楼的大堂保安借100美元。在蒋甲用手机拍摄的这段视频中，保安正坐在办公桌前，对着电脑屏幕。蒋甲走过去。还没到办公桌前他便脱口而出:“打扰了,你可以借我 100 美元吗?”保安一脸迷惑地说了声“不借”,但之后脸上掠过一丝微笑,他抬头看着蒋甲问:“为什么要问我借钱?”当时蒋甲太害怕了,他根本没听见。“不借?好吧。谢谢。”说完蒋甲就跑开了。

蒋甲用了什么安全行为呢?他是怎样努力不让保安觉得他是个彻头彻尾的疯子的呢?是速度。他迅速走进去,飞快说完,赶紧走出来。用他自己的话说:“我就像是在躲避捕食者的某种小动物。”至于我们,可能会避免和他人有眼神接触,说话时低声咕哝,或者在几步之外徘徊。这也都说得通,我们在尽力保证自己的安全。

但后来,蒋甲在剪辑视频时发现了自己当时没注意到的细节。保安没有丝毫敌意,只是觉得困惑。蒋甲也意识到保安问问题是在延续谈话。蒋甲本可以坦诚地说:“我正在努力克服对被拒绝的恐惧,所以强迫自己提出一些荒谬的要求。”或者他可以提出拿自己的驾照当作抵押,并承诺之后偿还这 100 美元。但他让自己的安全行为占了上风,迅速逃走了。

蒋甲发誓第二天要做得更好一些。

第二天,蒋甲去一家汉堡店吃午饭。在饮料机旁接苏打水时,他看到一个牌子上写着:免费续杯。他眼睛一亮。吃完熏肉芝士汉堡后,蒋甲走向点餐台。在他的手机视频中,一个戴眼镜、系着红色围裙、胳膊上全是文身的年轻人大步走过来。“您需要点些什么？”他问道。这一次，蒋甲直视着对方眼睛，笑得很开心，站得也更直。“你家的汉堡真的很好吃，我可以再续一个吗？”

“一个什么？”收银员问。

“免费再续一个汉堡。”

“免费再续一个汉堡，”收银员重复了下，努力想去理解，“什么意思？”他不是不友好。和保安一样，他只是觉得困惑和好奇。

“就像免费续杯一样啊，你们的汉堡可以免费再续吗？”

收银员听懂了。“哦，汉堡不提供免费再续。”他说。

“为什么饮料可以续，汉堡就不行呢？”蒋甲问道。他信心十足地问，好像这要求完全合理。

收银员轻声笑了。“就是这样规定的，老兄。”他耸耸肩说。

蒋甲笑了笑，谢了谢他，说要是能再续汉堡的话，他会更喜欢这家店，然后就溜达着离开了。

这两次际遇完全不同，尽管他这次得到的还是一个“不”（这是个胜利，他的目标正是“被拒绝”），但这次他没有感觉到问保安时的恐慌。蒋甲发现，他提出要求的方式会造成很大差异。尽管他仍很焦虑，但没有了安全行为，蒋甲似乎看上去并不焦虑。他站得笔直，看着对方，而不是盯着地板或对方的头顶，用他惯常的音量和语速微笑着说话。他放慢速度，不慌不忙。你瞧，这看上去和自信满满没什么两样。仅仅经历了两次，一次有安全行为、一次没有，蒋甲就发现了一个大秘密：是你自己在定基调。表现得好像不焦虑，放弃安全行为，这样你不仅会感觉更好，别人也会更好地回应你。你猜怎么着？没人知道你在努力表现得不焦虑。你猜还会怎样？最终你就不会再焦虑了。

我和蒋甲谈起这一发现时，他说："我知道自己的要求超出了社会规范，但我要求的方式没有——我没按喇叭也没跳舞，我进去时很有礼貌，别人通常也会善意礼貌地回应。"

他说的这一点，我在大学时有过类似的经历。大三时，我担任驻校辅导员，住在新生宿舍。我不用执行什么校规，主要是帮助大一新生顺利过渡到大学生活。作为一项公共卫生措施，所有驻校辅导员都在自己宿舍门上贴了一袋安全性用品，有避孕套、润滑油，供学生自取。我通常都很尽职，看到袋子空了就马上装满。但之后因为忙着期末考试，结果发现门上挂着一个又一个可怜的空信封。

那个学年的最后一天，我要搬走了，正在宿舍往箱子里装书。我的门开着，希望能有朋友随时进来聊几句。突然有个我不认识的学生来了，他留着刺猬头，戴着一副眼镜。他敲了敲门，从门口探进脑袋说："嘿，你这儿有安全套吗？"他的大胆给我留下了深刻印象。"没有，抱歉我这儿没了。不过在楼道那头，右手边房间还有一个辅导员，你去那儿看看。”

“谢谢。”他说完，小跑着走了。

差不多20年过去了，我还记得自己当时也很羡慕那个小伙儿胆大的样子。他急需一个安全套，一旦找到后他计划做什么，我们也很清楚。但他并不害怕向陌生人透露这一点并寻求帮助，而透露和寻求帮助这两样往往是通往社交焦虑的单程票。他也可能会想“她会觉得我很怪异，猥琐变态”，然后掉头就走，但是他没有，他敲敲门露出脸来，询问我的方式好像在说“这没什么大不了”。

和蒋甲一样，我学到的是：你要定基调。站在我门口的小伙子，自信地提了他的要求，我也回应了。你可能会问，如果他是假装的呢？如果他是提前在心里说了要表现得随意一些呢？表现得随意？说实话这点并不重要。不管怎样，我的回应方式强调了一点：如果你认为某件事合理，那么它就是合理的。或者，你可以假装自己是碧昂丝。或者，你可以像这个小伙儿一样，做一位“特洛伊勇士”。直到今天，我都要感谢他，他在不经意间给我上了关于社交焦虑的最早的一课。当然，为了安全起见，我也希望他找到了安全套。

虽然从“特洛伊勇士”那里学了一课，但多年来我还是抱守着自己的一些安全行为。当我要对着一群陌生听众说话时，不管是作为播客嘉宾还是电台采访的嘉宾，我的焦虑感就会卷土重来。因此，在很长一段时间，为了安全，我会事先写好讲稿，照着讲稿回答问题。我承认有时是逐字逐句地照搬。我知道，如果不像戴救生圈那样死抓着事先准备好的答案，我会表现得更自然，访谈效果也会更好。但在众多人的注视和倾听下，放手和放松不像是我能做出的选择。

但是，这也意味着放手和放松是我必须要做的。如果想从"社交焦虑学校"毕业，我必须做没有事先准备好答案的采访。我还是会给访谈应有的尊重和准备，但我需要相信自己能记住想要表达的观点。因此，当有机会做电台采访直播时，我会允许自己畏缩一分钟（或一小时），然后对自己说："在感到自信之前就去做，这样自信就会赶上来。"

这就是我挑战清单的下一个阶段，没有安全行为的保障：

5. 微笑着和我觉得不喜欢我的人（坏脾气的妈妈、坏脾气的老师、爱抱怨的同事）交谈。多做几次。
6. 在录制播客上做嘉宾，这样出现的失误可以被编辑删除掉。但不能像以前那样事先备好笔记。有机会就经常这样做。
7. 不用事先备好笔记，做一次广播采访直播，不能重来！（还好没有镜头。）

一段时间后，我试了所有这些方法，结果也还好。每件事都让我焦虑过，但我还是越过了那座山。这一点很重要：我确实很焦虑。你也会焦虑，不可能不焦虑，但你要做的是，感到焦虑时挺起胸膛，无论如何都勇敢去做。

好了，到你了。再将一些事填进挑战列表里。你已经勇敢地进行了小规模尝试，可以再推动自己去做一些让你更害怕的事。这一次，摆脱那些你认为能保证你安全的行为。如果担心手会抖，你的救生圈可能是只用瓶子喝水，不用杯子喝，因为手抖时拿杯子水会洒出来；如果担心脸红，你可能会穿高领毛衣；如果担心无话可说，你可能只会和同伴去参加聚会。所以，你要扔下救生圈，把啤酒倒进玻璃杯，把瓶子丢开；穿件 v 领衬衫，别怕脸红；一个人去参加聚会；或者以上三件事全做。不管你的救生圈是什么，把它留在家里，看看会怎样。试试看。或者就像一位聪明智慧的社交焦虑治疗师说的那样："做，或不做。没有'尝试'这回事。"

在下面填上一些新的挑战，以及你想放弃的安全行为。我之前提及的社交焦虑研究之父理查德·亨贝格博士，我问他克服社交焦虑的秘诀，他说："行动起来，去做吧。"

5. 我的挑战（如果不焦虑，我会做什么）：__________

我想放弃的安全行为：__________

6. 我的挑战（如果不焦虑，我会做什么）：________

我想放弃的安全行为：__________

7. 我的挑战（如果不焦虑，我会做什么）：__________

我想放弃的安全行为：_________

做得不错。就像苏斯博士可能会说的，“你已出发要去美丽的地方了，动身去远方！”马上就要做你的清单上最难的那几项了。进入最后冲刺阶段时，你可能希望给自己打打气，用些自我肯定的方式。但自我肯定往往让人想到的是对着浴室镜子，过于急切、刻意做作的自我对话。网上有很多嘲笑自我肯定的言论：“每一天，我在各方面都会越来越好。”“我尊重并自由地表达自己，不管别人怎么说。”“我们取笑承诺，因为它听着蹩脚、愚蠢，更主要的是因为它听着就像谎言。”

如果我们孤注一掷，试图用这些肯定来激励自己做好心理准备迎接挑战：“我没问题！我会很棒！耶！”那么我们只会觉得泄气。为什么？因为我们压根不相信这些话。

相反，试着这样做：用你百分百确定的自我价值来肯定自己，即使这些自我价值与手头任务无关。你没听错。即使这与你的挑战无关，也要用你了解的真实的自己来自我肯定：无论日升日落，我对朋友永远忠诚；我认真倾听；我的确是个好妈妈；通过努力我已取得超出我想象的成就。在你要去参加季度销售会议时，肯定自己对家人的爱看上去很傻，但确实有效。

你也可以通过肯定自己的勇敢行为来获得力量。荷兰的一些研究人员在 2017 年进行的一项眼球追踪研究中发现，当参与者脑海中想到自己正直的特质时（比如别人都离开时，你却坚定地支持自己的朋友；或是可以背叛同事时你并没那么做），他们就可以勇敢地直视愤怒面孔的照片。肯定真实的自己，肯定那些你所做的正确的行为，提醒自己拥有的美好特质，最好的你就会显现。

直击最大焦虑挑战

到了我们的冲刺阶段。哪些事情让你非常害怕？别急于去做。先完成那些让你有点儿害怕的事，再去做让你更加害怕的，在这个过程中你也试着放弃了安全行为。虽然已快到深水区，但我们还是要在池中缓慢前行。

你可能已经注意到，推动自己先去做有点害怕的事，再去做更害怕的事之后，原本最害怕的事可能就不像以前那么可怕了。它们可能还会让你紧张得翘起脚尖，但也可能会有一丝以前没有过的意愿火花。依次完成从小型到中型的挑战时，你可能在逐步重设自己的社交焦虑阈值。正如理查德·亨贝格博士在与我交谈时总结的那样："良好的暴露会开启成功的螺旋。"

让我们来直击“老巢”吧。你最大的焦虑是什么？想想那些让你想躲在窗帘后的具体的事情。如果你甚至想为此计划一条逃生路线，那你就知道已经找到了最终的挑战。下面是我的终极挑战：

8. 为了写这本书，联系和采访心理学界的重量级人物（先吸口气。）
9. 用最少的笔记做一次直面镜头的直播采访（哎哟！）
10. 把自己的社交焦虑经历写到书里，展现给世人（哎哟！哎哟！）

对我来说，这些事情绝对符合我的终极挑战。主动联系学术巨子，告诉他们我不仅要冒昧写一本书，是关于他们花了毕生精力研究的主题，而且他们还要贡献自己的时间和专业知识来帮助我——这把我吓得头发都立起来了。我一直等到快动笔时才给他们发了邮件，担心他们会把我当成一个不知所云的冒失晚辈。但事实上，他们极为和蔼可亲。有 80% 的人给我回了邮件，说很高兴接受采访。他们特地留出时间，与我敞开思想交流，他们真是太好了。

之后，我受邀做一个在线现场采访，激动的瞬间过后更多的是恐惧。我早就该克服一直以来对镜头的非理性恐惧了，但这不等于我想在成千上万名线上观众面前这么做。我承认自己当时过度准备和预演了，但又觉得必须这么做。头天晚上我也没睡好觉，等到采访那天，我把自己锁在办公室，本想工作，却在肾上腺素激增的迷雾中焦躁不安了好几个小时。我在约定的时间上线，10 分钟就结束了采访。主持人很友好，我讲笑话时他都乐了，还邀请我随时再来。我甚至收到了一些看过节目的观众发来的赞扬邮件。我盯着笔记本上的小绿光，活着做完了节目，现在还能讲述这个故事。

几个月后，这档节目再次邀请我。这一轮要简单一千倍。虽然面对镜头的恐惧大山还没变成鼹鼠丘，但它已经小了很多。那道小小的绿光不再像射进我灵魂的激光，更像是通向一个世界的舷窗，在那个世界里，我可以分享书呆子心理学研究，甚至给他人提供帮助。

最后一个挑战，你手里拿的这本书。多年来我一直想成为一名作家，写书是我一生的目标。但决定写社交焦虑时，我意识到我必须写写自己。这对我们这些受社交焦虑影响的人来说并非易事。虽然今天的我的确比 5 年前、10 年前，尤其是 20 年前要开朗得多，但把自己的点点滴滴写进书里，给所有人去读，是迄今为止我迈出内在舒适区的最大一步。

这就是我手刃的恶魔。我本可以列出 K 歌或即兴表演喜剧，那些事也让我想装死，但它们并没有妨碍我的生活。我不愿贸然去联系权威专家，不愿对着成千上万名看不见的观众做现场演讲。因为怕受到批评和指责，就不把自己写的书呈现给世人，这些无疑是在拖后腿。不做这些事，必定会阻碍我过上自己想要的生活。我很纠结，但若不去直面恐惧的考验（理智地说，我知道自己的恐惧被夸大和扭曲了），我就会被悔恨的幽灵所纠缠。

现在轮到你了。如果你还没准备好，那也没关系。回到你开头或中间的挑战列表，先尝试几项。只要开始行动，就可以慢慢建立起自信，让最可怕的事变得没那么可怕。想想看，让你特别害怕的是什么？是什么阻碍了你？邀请某人约会？在你女儿的婚礼上跳舞？换工作？搬出去？说出来。去做吧。请在下面填上你想做的事项。勇敢去做这些事，你才会越来越自信。过自己的人生，大步向前。

8.______________________________

9.______________________________

10._____________________________

逐个做挑战清单上的事项会怎么样呢？大多时候很难，但也值得。你会发现自己的自信慢慢跟上了，你会发现自己身上有些你从不知道的品质，当然有时候可能也没那么顺利。你可能会让自己失望，你可能用尽所有勇气但仍没任何变化。你会觉得试图拓展自己的尝试都是徒劳。你的内在评判会叫你坐下，闭嘴，低头。它会说这不适合你，因为你天生就没有自信。

另外，偶尔也会有不好的事情发生。有人爱评判别人，有人爱谈论是非，有人仇视别人。如果你的努力没能按计划进行，问问自己到底是谁做得不当。为完成挑战清单，卡米拉曾向一个陌生人询问时间，陌生人没理她。那么，是谁的行为出格，卡米拉还是那个陌生人？胡里奥在一次会议上问了个问题，他的老板置之不理。同样，胡里奥和他的老板，是谁表现不佳？

还记得第 5 章和第 6 章中的替换法和拥抱法吗？它们不仅可以指导你思考，也可以帮助你反思。问问自己，这种经历有多可怕？你现在可能觉得必须退缩，但几天后谁会记得呢？（可能除了你没别人。）这种事发生在人们身上的概率是多少？（有可能。）有多少人遇到过这种情况呢？（很多人。）举个例子，为完成挑战清单，但丁在课堂上问了个问题，教授没理解他的意思。但丁试图解释，但有点儿词穷。教授觉得很困惑，给的答案也和但丁的问题不搭。但丁觉得很尴尬，他看看四周，发现其他学生似乎并不在意。几周后，但丁去找教授时，这位心不在焉的教授好像也不记得他了。显然没啥大事。

最后，问自己一个现在听着应该很熟悉的问题："我该如何应对？"例如，温妮总是做完礼拜就离开教堂，以免逗留或陷入与他人的对话中。一个星期天，为完成挑战清单，她没有马上离开教堂，而是决心面对自己的恐惧。她还没来得及跟谁打招呼，教堂里一位常来的“怪人”就缠着她说个没完。这位“怪人”是个没恶意但很古怪的老太太，身上有一股浓烈的樟脑丸味，嘴里还有牙膏渍。温妮忍了20分钟后和她告别，跑回自己车里。平静下来后，她问自己能做些什么，该怎么应对。她给妈妈打了个电话，讲了这事，她没有被吓到，只是觉得很好笑。温妮想到，明天上班时可以把这个故事跟同事讲讲。

当然，你不一定要用与母亲分享的方式来应对，你可以用任何适合自己的健康方式去应对。但温妮发现，出状况的练习往往是对话的好素材。每个人都喜欢尴尬的故事，它使你更富人性，能显示出你的幽默感，你还可能听到对方也讲述了自己的尴尬故事。这有助于拉近彼此的距离，这一点我将在第16章深入讨论。

所以，列出你的挑战清单吧。在挑战过程中，你可以用替换法和拥抱法与自己对话。给自己设置一些结构，扮演一个你选择的角色。勇敢面对登上峰顶前的征途，迎接挑战。把安全行为——救生圈——留在家里。过了峰顶之后，都是下坡路，滑下山坡，进入你的生活。你练习得越多，挑战起来就越容易。

最后，别忘了那个信心迷思。你不可能在真空中获得自信后再出去征服世界。相反，你要通过去做有挑战的事来增强自信心，用勇气克服焦虑，真实地生活。真实的生活包括一些拒绝、窘迫和尴尬的情景，也有对自己做到的事的深深满足，即使这些事可能不像你想的那样。随着不断练习，你会发现生活中有很多难忘甚至是快乐的时刻。通过练习，你会懂得，即使有坏事发生，你也可以继续前进，保持勇气。你能应对得来。

这不是我说的。蒋甲对我说：“没想到我那么容易就能听到对方说‘可以’。我意识到，因为害怕会被拒绝，我错过了无数机会，但其实是我在拒绝自己。”他停顿了一下。在一个又一个的来访者身上，以及我自己身上，我已经能够看出这个停顿就是那个重要时刻。然后，他的声音里充满了惊奇，说道：“这个世界比我想象的好多了。”

Part 4

逃离
社交焦虑的
陷阱

第11章

陷阱1：我必须时刻监控自己和自己的焦虑

“哇啦哇，哇啦哇啦。哇啦哇。”在迭戈听来，这位女住院医师的声音就像漫画里查理·布朗[①]的老师。女医师在跟迭戈讲如何给病人做睾丸检查，面色惊慌的病人在一旁看着，迭戈忙着做

① 查理·布朗（Charlie Brown）是查尔斯·舒尔茨（Charles M. Schulz）创作的漫画《花生》中的卡通人物，是一个思想奇特的小学三年级学生，外貌特点是近乎光头的圆脑袋，额前和后脑勺各有几根头发。在学校听老师上课时，他听到的查理·布朗老师的讲话就是“哇啦哇……”，现在被用来指因醉酒而含糊不清的讲话、被扭曲的讲话，或者让人难理解的讲话。——译者注

出医生一样镇定自若的样子，根本没听进去她的话。女医师说完话，转头期待地看着迭戈。迭戈突然意识到轮到他做事了，看样子他要给病人做个睾丸检查。

迭戈是医学院一名大三学生，今年他觉得自己像是一直生活在狙击手的枪口下。在医学院的头两年，他大部分时间不是在图书馆，就是在解剖实验室，一门心思要在学业上有所成就。但今年 7 月和同学们从教室转战到医院实习后，他就陷入了焦虑之中——他发现自己置身于一个要担负责任的全新世界，他要帮助治疗真实的病人，而不再是解剖实验室里的死尸或是分析教科书里的案例。

但最大的变化还是被审视。住院医师和主治医师似乎不相信医学院这些学生的能力，所以迭戈一直在某位权威医生的监督下工作。他需要给病人测量重要体征、写病历、做身体检查，但总觉得自己像是在演戏。他的内在评判总在对他说：他们知道你不懂自己在做什么，你不属于这里，你看起来很蠢。

迭戈说，最糟的是他要给病人做身体检查，真的去触摸病人的身体。他说：“我得做宫颈刮片检查、乳房检查、睾丸检查等诸如此类的检查，非常可怕。”生活在被医生监督和接触真实病人之间，迭戈说：“我一直都很焦虑。”

于是，迭戈努力掩饰自己。说话时，他会确保用“医生腔”和足够专业的词汇；与别人沟通时，他总是在考虑自己接下来该说什么，并进行权衡和心理预演，确保不会说出任何不礼貌、不妥当或愚蠢的话。

这些印象管理让迭戈过多地关注自己的焦虑、自己要说的话，反而把工作彻底搞砸了。他经常听不到病人、主治医师或住院医师对他说的话；写病历时会因为分心而忘了自己要做什么；给病人检查身体时会忘了考虑整个身体循环系统。病房临床教学时，他从不回答主治医师的问题，除非被直接点到名，那时他的大脑就会一片空白，记不起刚在脑子里排练过的“台词”。

在医院实习了几个月后，他的期中评估是（说得轻点儿）“仍有提升空间”。住院医师说他经常心不在焉、注意力不集中，主治医师说他似乎总是心事重重。迭戈感到灰心丧气，他只想好好干、做个好医生，他必须要改变现状了。

正如你现在了解到的，社交焦虑根本上说是一种认知歪曲，是一种错误的信念，认为自己有问题，别人也都会注意到自己的问题。“你将被暴露”，但这不是社交焦虑告诉你的唯一谎言。在这一部分的这一节中，我们将聚焦有关社交焦虑的迷思。

迭戈这个经典例子说出了社交焦虑的第一个迷思：我必须时刻监控自己和自己的焦虑。他会对自己要说的话做计划和预演，确保自己的声音不会尖细刺耳，并斟酌自己的每句话，确保听上去显得他很聪明，不会冒犯到谁，也不会被批评。但所有这些印象管理太耗神，最终阻碍了他的正常表现，让他深陷社交焦虑的泥沼。

和燃料、资本一样，注意力也是有限资源，在用完之前我们能分配的注意力只有这么多。迭戈的所有注意力都集中在了对自己和自己焦虑的管理上。这一现象被恰如其分地称为“自我聚焦的注意力”，是指对自身的关注消耗了所有注意力。关注身体（“我看着很怪，是吗？”）、情绪（“我在这儿快疯了”）、表现（“我说那个干吗？听着像白痴”）、管理（“我应该对她微笑，但那样可能看着很诡异。可不笑更诡异，不是吗？啊，我看上去可能是想把她塞进我的汽车后备厢里”），因此我们从社交活动中获得的有关实际情况的信息极少。那么，应该从哪儿入手去填补空白呢？不幸的是，我们去向自己的焦虑寻找答案，这可信度就像问二手车销售员我们该买什么型号的车一样。或者，我们去问内在评判，结果只会更糟。简单地说，我们是在向内看，却想要了解外面的情况如何。

无论是在高中舞会上，还是在年度绩效考核中，我们都会根据自己的不适来决定如何向他人展现自己。这就是所谓的“体验自己的感受”（felt sense）。我们感到自己像白痴，所以认为自己一定是在胡说八道；我们感到自己像失败者，所以一转身，别人就会悄悄断定我们是失败者。这种感受很真实，于是我们去向自己的焦虑求证，它可以说是最不可靠的信息来源。难怪徒劳而返。

最重要的是，这种自我聚焦的影响不仅仅发生在我们焦虑的时刻。加拿大安大略省劳里埃大学的研究人员让有社交焦虑的大学生与实验室助理进行 5 分钟的结识对话（你可能已经注意到，社交焦虑的研究者大都喜欢做这种 5 分钟的结识对话实验）。一半的参与者被要求在谈话过程中密切关注自己的感受、想法、行动和身体感觉。与之相反，另一半参与者被要求密切注意谈话伙伴的话语和面部表情。对话结束，研究人员让他们 24 小时后再报告感受。第二天，自我聚焦组的报告显示，他们的自我批评比伙伴关注组更严厉、更频繁。事实上，有关社交焦虑的第一个迷思——我必须时刻监控自己和自己的焦虑，可以引发长达 24 个小时的消极连锁反应。

对迭戈来说，这一迷思让他陷入了社交焦虑的死胡同。他拼命努力，希望一切进展顺利，而这导致他更焦虑，逼迫他去监督自己的表现。这些努力占据了他的注意力，结果讽刺性地让事情变得很糟。他的内在评判对他表现不佳的预测，成了自我实现的预言。

那如果这种自我聚焦妨碍了我们，该怎么办才好呢？怎样才能摆脱这种迷思？答案是：将你的注意力由内向外转移。

还记得一首儿童歌曲里唱到的“头、肩膀、膝盖和脚趾”吗？默默唱给自己听，不需要做相应的手部动作（除非你想做，那样当然好）。把注意力放到头上，然后转到肩膀上，停留一下，再移到膝盖，最后是脚趾。感受你的注意力如何从身体的一个部分转移到另一个部分。这些活动别人看不到，但你的内在注意力是活跃的，可以从一处转移到另一处。同样的概念也适用于将你的注意力由内向外转移。你来选择将注意力放在哪儿。我们可以从关注内心的评论，转向关注周围发生的事。我们可以专心听谈话伙伴的话。这样迭戈就不再会觉得住院医师说话时像查理·布朗的老师了。我们可以关注他们的脸。我们可以关注那一刻正在发生的事。最重要的是，我们可以把注意力集中在手头的任务上，这就是“任务聚焦注意力”。

为了做到这一点，我们请出阿姆斯特丹大学的苏珊·博格尔斯博士，她是一位很有创造力的研究者。她教会我们如何避开内在评判，融入周围环境。她鼓励我们，要像长出真正的肌肉一样，锻炼任务聚焦的“肌肉”。这里的“聚焦”，不是说像个美国职业摔跤选手那样盯着对手看，而是把你的注意力集中在任务上。51% 的注意力就可以。

博格尔斯博士建议，我们可以先聚焦在一些安静、不费力的事情上，比如在林间散步、从洗碗机里拿出碗碟或抚摸你的猫，这样可以练习把你的注意力向外转移。这听起来很容易，但就像正念练习一样，你的注意力经常不按你希望的那样去做，它总想四处游走。没什么，我们大脑就这样，轻轻把注意力拉回来就好。

等你能把大部分注意力集中在安静的任务上时，再加大“赌注”。试着把注意力集中在电视节目、广播节目或播客上几分钟，然后总结你听到的。

接着，把注意力转移到真实的、活生生的人身上：先用电话交谈，再进行面对面的交谈。把注意力放在手头的任务上：听或说，而不是让你的内在评判不停地评论。说话时把注意力集中在信息上。经过一段时间的练习后，在谈话中一旦陷入封闭的焦虑回路时，你就能够把注意力转移到手头的任务上，和你的谈话伙伴交谈并保持倾听。

有一点要注意，把注意力拉回到你的任务上，而不是其他随机的事上。把注意力放在其他事（“也许把注意力放在呼吸上，我会感觉更好”或“我必须看下朋友圈”）而不是手头的任务上，只会分散你的注意力，这不是你的目标。你要把注意力再转回到应该做的事情上。

为了进一步证明注意力由内向外转移的力量，你可以尝试下由牛津大学的戴维·克拉克博士提出的一项实验。他建议与商场店员、同事或任意一个人分别进行两次谈话。第一次谈话时，把注意力集中在你的表现、你的身体和你的焦虑感上。注意你说的话，努力控制他们对你的印象，关注你自己。第二次谈话时，将注意力转向外部。看看谈话对象的脸，仔细听他们在说什么。关注他们，他们，他们。这是根本性的变化。哪次谈话更有成效？

哪次更愉快？你从哪次谈话中得到的回应更好？当然是第二次。克拉克博士说："这个方法能帮助人们通过体验去发现，他们为控制社交焦虑所做的一切不但没用，反而造成了部分问题。你可以试着做些勇敢的、富有挑战性的事，改变你的行为，这样你就能学到新东西。"

迭戈就照这个做了。他练习把注意力从监控和斟酌自己说的话上转移开，专注于自己的工作：记录生命体征，听病人的提问，当然还有做宫颈刮片检查和睾丸检查。练习时，他能感受到明显的差异。迭戈意识到，他以前大部分的注意力都用在了向内关注，他曾以为那样做对他有用，却没有更多精力去关注工作。现在的他不会再让自己陷进自我聚焦的旋涡，他把注意力由内向外转移，不再担忧是否会显得愚蠢，而是腾出空间去做一位专注于病人、积极回应病人需求的医生。

有时我们感觉有社交焦虑时，也会向外看，但往往关注的是可能出错的地方。谈话伙伴看向别处，你就认为他在拼命寻找机会逃离对话。同事换了个座位，你就认为她把你当作"怪人"。我们害怕被评判，但奇怪的是，为找到评判，我们扭曲了自己。这就是所谓的对威胁的关注。

一旦感受到威胁，我们就会进入锁定模式，认为威胁无处不在。这么做也不是没道理，就好比兔子时刻都在提防着狐狸。但这也让我们付出了代价。为了说明这点，你可以环顾四周，找找蓝色的东西——蓝天，你的蓝色牛仔裤，也许外面有一只蓝鸟，你书架上有本蓝色的书。找完了？好，现在试着回忆你看到的红色物品。的确，当注意力转移到其他地方时，我们就会错过。你周围可能有很多红色的物品，但因为没去注意，你就看不到它们。威胁也是如此。有选择地放大别人的转身离开或怒容时，我们就会看不到对方的支持和周围的笑脸。

我们特别擅长从别人的脸上找到威胁。愤怒和厌恶的面部表情照片已被用于无数社交焦虑的研究中，因为它们可以让参与者的威胁测量仪表运转。即使是笑脸，也会被社交焦虑大脑解读为威胁。避开愤怒的面孔可能有道理，避开微笑的面孔似乎没什么用。荷兰拉德堡德大学的迈克·林克博士领导的研究小组采用了一种巧妙的方法，训练有社交焦虑的大脑对笑脸放松。在这项研究中，林克和他的同事们向参与者展示电脑屏幕上的人脸照片，并给他们配备了操纵杆。拉操纵杆，人脸照片就会不断被放大，越来越模糊，最终无法辨识；而推操纵杆，照片就会缩小，最终无法辨识。拉杆放大人脸照片是在模拟接近，而推杆是在模拟回避。在数百次实验中，一半参与者被要求拉近一群人的笑脸照片；而另一半则要把这些照片推开，缩小到消失在黑暗的屏幕中。研究人员希望参与者通过一次次地去拉操纵杆，把笑脸拉向他们，大脑会重新连接，看到笑脸时，会认为它们友好可接近。

为检测这种训练能否延伸到现实生活中，研究小组要求参与者面对镜头做一分钟演讲，并告知他们将从吸引力、友好度、能力等方面对演讲视频进行评估。面对即将到来的评判，拉近笑脸的那组人在演讲后比推开笑脸的那组人的焦虑感明显要轻，简单说就是训练有效。

当然，我们并没有带着操纵杆活在世上——操纵杆能让我们把不想看到的推开，把想看到的拉近（还真应该有人发明这样的操纵杆）。那么，实验室的发现怎样应用于现实世界呢？

一种方式是和自己玩一个游戏。在外面走动时，数数你看到了多少人戴着眼镜，多少人戴着耳塞，或者多少人有胡子。计数是有意识的，但它会在无意识中让你把注意力转移到对方的脸上。你数的眼镜、耳塞或有胡子的人的数量并不重要，但你在看人脸这个事实却很重要。刚开始你会觉得很奇怪——直视别人，即使他们没有反过来和你对视，你也会感觉很怪。但你要坚持下去。在拥挤的地铁车厢里，在商场里，或者放学后和孩子们在操场上时，我自己也会这么做。有意识地看别人的面孔时，我会感到更踏实、更放松。它使我的注意力向外转移，让我对正在发生的一切握有准确的信息：身边倦怠的上班族，疲惫的购物者，或是精力充沛的孩子。我和来访者安东尼在地铁站台上站了一个小时，看一张张面孔，他惊呼道："等等，这就是一个个的人啊！"

至于迭戈，现在他看医院里的病人、住院医师和主治医师的面孔，不是为了寻找可能被轻视的迹象，而是为了倾听他们在说些什么。他不再把注意力集中在自己的担忧和印象管理上，而是集中在别人和自己的手头任务上。由于打破了社交焦虑的第一个迷思，他现在是一位好医生了，当然也没那么焦虑了。

更棒的是，在医院第一年的实习结束时，已学会将注意力由内转移到外的迭戈，得到的评价也不同了。住院医师认为他注意力集中，主治医师评价他善于观察、反应机敏。他已熟练掌握写病历、做检查等任务，当然，也包括做睾丸检查。他现在懂得，做一名好医生的关键跟上述这些无关，而是要专注于任务，不是焦虑。

第 12 章
陷阱 2+3：我的感觉就是我的模样，人们都会评判我

陷阱 2：我的感觉就是我的模样

“我讨厌做报告，”梅边喝拿铁边说，“厌恶程度就像一千个烈阳之火。”

那是个早春时节，梅第一次坐在我的办公室里咨询。她告诉我，她要在 8 月给 500 个人做个报告，还有 2 000 多人将通过网络直播观看。虽然还有 5 个月，但她已经吓坏了。“我不能连续几个月都是这种感觉，”她说，“这样我会死的，一定会死的。”死亡的结局听起来实在太糟，于是，我和她一起打破了关于社交

焦虑的第二个迷思：我的感觉就是我的模样。

梅是一家知名鞋业公司的董事。她留着精干的短发，戴着时尚的眼镜，看着比大多数50岁出头的妈妈们酷多了。她热情亲切，走起路来大步流星，永远随身携带超大杯的星巴克咖啡——这也显示出她工作时的投入。她喜欢自己的工作，还有她手下关系紧密的团队，但每次要做展示报告时，她要么求同事亚瑟替她做，要么坚持先用邮件发幻灯片，再在电话会议上解释，这样她就可以不露面了。有几次必须得梅出面做报告时，她就打电话请病假。

为什么聪明能干的梅在做幻灯片展示时会束手无策呢？让我们问问梅吧。“我就是觉得自己会像个喋喋不休的白痴，担心自己会失控，大家会觉得我是个焦虑的神经病。”

这种感受不只梅一个人有。焦虑时我们会觉得所有人都能看到我们的窘态。不管我们担心的是什么——看着很蠢、无能、没有个性，或其他什么，我们觉得这些全都写在了自己的脸上。对梅而言，简单说就是：“我看上去就是我害怕的那样。”

第二个陷阱让人很难相信。为什么呢？自己感觉什么样看着就什么样——问题出在哪儿？要找罪魁祸首，你看看自己的身体就行。为了方便解释，我们来快速浏览一下焦虑的生理影响。

我们所有的情绪都体现在身体上：悲伤让人身体沉重、动作缓慢；愤怒让人肾上腺素激增，甚至龇出牙齿；厌恶让人浑身战栗。那焦虑呢？经过数千年进化，我们所有系统会同时启动，把氧气输送到肺部，将血液输送到大肌肉群，好让你全力以赴战斗或转身逃走。其结果就是焦虑的生理特征：脸红是因为血管扩张；体温升高自然会出汗；呼吸急促和口干是因为肌肉需要更多氧气和水。手脚冰凉？是因为血液突然流向了你最大的肌肉群。手发抖甚至嘴唇都在抖？要怪就怪我们身上充斥的肾上腺素吧，它让我们像马达一样颤抖，肌肉则会像盘绕的弹簧一样紧绷直到疲劳。最后，肠胃系统会释放多余重量以减轻负担，以便我们能跑得更快或能更灵活地战斗。

这些反应不会让人愉快。相反，长期焦虑会让我们疲惫不堪，肩颈、背部和胃部都会长出结节。还有，我们很难靠肾上腺素来思考，它会让人很难集中注意力，很难去想接下来要说什么或记住其他人说了什么——你不想在面试或约会时留给别人这样的印象。对梅来说，这也不是她在挤满人的礼堂做演讲时想给别人留下的印象。

但打击我们的不仅是焦虑引起的身体迹象，还有我们对焦虑的关注程度。你可能认识和豌豆公主完全相反的人，搞不清自己饿了没，也不知道身上淤青是怎么来的。你也可能认识一些人，他们对自己的身体情况清清楚楚。你可能就是这样的人。这种对自己身体的觉知被称为“内感受性觉知”。毋庸置疑，焦虑的个体的内感受性觉知更加敏感。的确，当我们这些对身体敏感的人能感受到自己的脸红、出汗、颤抖、结巴或流泪等反应时，事情就变得复杂起来，我们会为自己的焦虑而焦虑。事实上，如果身体激发了“我的感觉就是我的模样”的迷思，我们的大脑就会“煽风点火”①。

这是因为我们有种奇怪的思维叫作“透明度错觉”，即我们认为自己的内在状态会出卖我们，能够被他人发现。在正常的无焦虑的生活中，我们常会认为别人和我们的经历类似。

事实上，大多数时候我们只能看到自己所看到的，听到自己所听到的。但在高度焦虑时，我们好像忘了自己身体和大脑里发生的一切实际是私密的。我们感到心跳加速、恐慌加剧、思绪翻腾，就以为每个人都能像看水母一样看穿我们。被提醒时，我们才会想起自己不是水母。一项研究甚至发现，只需要告诉参与者“嘿，伙计，这叫透明度错觉”，就可以使他们增强信心，明白自己并不像水母，演讲时也会表现得更好；研究者观看参与者的演讲时，也更认同他们的表现，这意味着这种提醒不仅能让他们感觉更好，也会让他们表现更好。

---

① 测量内感受性觉知的一个简单方法是测量你的心跳。你现在可以试一下：坐直，后背悬空，把手放在大腿上，正常呼吸。你能感觉到自己的心跳吗？如果感觉不到，也不用灰心。感觉到心跳或感觉不到都是正常的，但研究发现，有社交焦虑的人能特别准确地注意且估计到自己的心率变化，这表明他们能熟练监控自己的身体。

好，现在做个突击测验！你的冰箱把手是在右边还是左边？你童年的家是什么颜色的？爱因斯坦有胡子吗？有答案了吗？做得不错。为了回答这些问题，你脑海中可能会浮现出一幅幅画面。你“看见”了你的冰箱、你成长的家，还有爱因斯坦的小胡子。你脑海中创造和保持了这些意象。在焦虑时我们的大脑也会做同样的事，这就使“我的感觉就是我的模样”的说法被固化。

陷入社交焦虑时，我们经常在脑海中看到自己——但这不是我们在卧室镜子里看到的自己，而更像在社交焦虑之家的哈哈镜里看到的形象，也就是我们以为别人会看到的尴尬形象。上高中时，我被临时要求主持一个小型才艺表演。为表示友好，我同意了。但因为没有时间排练，演出时我僵在了舞台上，脸上带着柴郡猫式的微笑，一边“嗯嗯嗯嗯”做着节目，一边试图安抚那些觉得无聊和失望的观众。至少我当时是这种感觉。

现在再回想，我能确定当时其实并没那么糟。20 多年后，再去回想，想象从观众视角看着站在舞台上的自己，也很有趣，这番景象我从未见过。我“看见”自己看上去很迷茫、很恐惧，似乎事情就是这样，但我脑海中的画面不过是自己的想象。

我的记忆基于什么信息呢？还记得第 11 章的“体验自己的感受”吗？我的记忆基于我对演出的感觉；我感到害怕和尴尬，所以我认定自己看起来既害怕又尴尬。既然不能回到过去，我永远也不会知道事实到底怎样。即使纯属虚构，这也是我脑海中记得的。你看，我从未见过的甚至都已进入了我的记忆。

即使我们从未想过这一视角，这种在脑海中回忆焦虑时刻的倾向也很常见，这也是要打破“我的感觉就是我的模样”这一迷思的关键。如何打破呢？用你手里的电话就可以。为替代你想象中的影像，一个可靠的方法是制作真实的影像。让你信任的人把你的谈话、演讲或做任何让你焦虑的事的过程录成视频。我知道，我知道你会说：“但我讨厌看我自己！比在语音信箱里听到自己的声音还讨厌！”你可能讨厌这样做，但这样做其实回报巨大，因为你终于能看到别人眼里的你自己。

录了视频后，在观看之前问问自己，你认为自己会看到什么？闭上眼睛，想象一下你内在的清晰影像，你认为你看起来什么样？说话时信口开河、语无伦次？像摇摆哑铃一样颤抖？如果我们问梅，她可能会说：“我看起来很蠢，说话时老停顿，从一个话题跳到另一个话题，每隔几句话就说‘嗯’，脸上的表情就像电影《阿呆与阿瓜》里的人物一样傻。”

现在鼓起勇气，点击“播放”键。最初几秒钟，你会有种本能反应：“我看上去是那样吗？”每个人都有过这种经历，很正常。接下来，像看陌生人一样看你自己。尽可能客观地观察，问问自己，你的恐惧是不是事实：屏幕上的这个人看起来蠢吗？这个人从一个话题跳到另一个话题了吗？这个人停顿了多少次？用中立的视角，可以让你看到和听到真实的自己。你可能会有一些明显的焦虑迹象流露出来，但不会像你想的那么多。所以，你内心的感受和外在的表现并不匹配。

然后再看一遍，看看视频里其他人——你的谈话伙伴或观众。找一个你记得的明显焦虑的时刻——一个错误，一个停顿，一个让你大脑一片空白的时刻。然后问问你自己：其他人注意到了吗？其他人的反应是你犯了大错一样吗？如果一个陌生人走进来，他们会认为其中一个人真的看起来很怪吗？（可能不会。）如果是对话，比较下谈话双方：另一个人在说话时是否有停顿和磕绊？（可能也有点儿。那地球人欢迎你。）但更重要的是，很高兴你能看到证据，你的感受并不是你的模样。

和来访者一同在我的办公室里观看视频时，有时我会截屏拍下他们那些感觉最糟、陷于自我和充满焦虑的时刻，然后再截屏他们感觉很好、注意力集中在外、感到更平静的时刻。之后，我们把截屏放在一起看。我是从伦敦国王学院和牛津大学的一个团队那里学到的这项技术（以及下图）。看一看。左边是这位先生谈话中最糟糕的时刻——他记得他感到焦虑，注意力转向内，很肯定自己的面部表情看上去很怪。他报告说，右图是他注意力集中在外，感觉焦虑少很多，也根本没在想自己的面部表情是什么样的状态。我们观察一下，他的模样有什么不同吗？完全没有。唯一不同的是他的感受。不仅他的脸看起来并不奇怪，而且他的感受也看不出有什么不同。

但有时我们看自己的视频，会注意到自己看起来很奇怪。在同一项研究中，伦敦国王学院和牛津大学的研究团队描述了他们的两位来访者。一位男性很担心同事们发现他喝啤酒时手总是发抖，所以他每喝一口酒前就会转过身背对着他们。他认为这是隐藏焦虑的好方法，直到他在视频中看到自己。他意识到，每喝一口酒就转过身看起来很奇怪，他可能在向酒吧里的每个人表示，他对他们不感兴趣，而实际恰恰相反。而另一位女性则担心自己会显得很蠢，所以她在和人交谈时，会先在脑子里过一下早已准备好的话题，并监控自己怎么说，好让自己感觉更好些。在视频中她看着像是在做报告，而不是听完别人说什么再做出相应的回应。同样，这也与她的本意完全相反。接下来，她尝试去倾听，再说些自己能想到的。之后她很高兴地看到，这时候视频里的她看上去友好自然。太好了。

同样，如果你看到自己不喜欢的，比如你语速太快、没有眼神交流、不停地摆弄手等，不要惊慌。所有这些都是安全行为，是你试图拯救自己、让自己不那么焦虑的行为。还记得要拿掉让你沉在水下的“救生圈”吗？一旦找到你的安全行为，你就可以把这些救生圈拿掉。

这次梅在给小组做报告时，她让亚瑟用手机给她录了视频。之后他用电子邮件把视频发给了梅。锁好办公室门后，梅捂着脸透过指缝看了一会儿，就像在看恐怖电影。一开始她有些畏缩——看镜头前的自己真的很困难。“我的头发真的那样吗？我老在说‘嗯’！”她心里想。但后来她想起了应该怎样做。她曾预感自己看上去像个神经过敏、喋喋不休的白痴或焦虑的怪物；她曾认为自己会坐立不安、来回乱走、语无伦次。她深吸了一口气，尽量客观地观看视频：“这人坐立不安吗？这人来回乱晃吗？这人说话语无伦次吗？”她很惊讶地看到，在思考时，她有时的“嗯……”会让人有点儿分心，但仅此而已。她只是看到一个人，一个女人，在谈论她的工作和分享她所了解的一切。她记得自己在演讲时的内心感受，她惊讶地发现，自己感觉到的紧张、愚蠢、胡言乱语，完全不是视频里看到的样子——相反，她只是看着有点儿紧张，中间停顿了几次。有一次她说错话了，但从表面上看，自己记忆中的那个大错只是个小失误。这让她想起以前看过的一部自然纪录片，海底火山可能会在海底喷发，但海面上依旧风平浪静。

对了，梅的大型演讲结果如何呢？礼堂里有 500 人，还有

2 000 多人通过网络观看，她在演讲前有些紧张，也肯定会紧张。但她没有打电话请病假，也没有求亚瑟替她去。演讲前，她想象自己是视频中看到的那个很有能力的女人在分享她对工作的热爱，在礼堂的讲台上她也这样去做了。事后她打电话给我时，先得意地喝了一口星巴克咖啡，她说她的演讲赢得了掌声和祝贺。

我们学到了什么？我们认为的样子和实际的样子之间有着天壤之别。我们脑海中想象的，就像在游乐园的镜子中看到的那样，都是扭曲的。所以，不要问焦虑你看上去什么样，要记住，眼见才为实。

陷阱 3：人们都会评判我

杰克以最快速度在跑步。他气喘吁吁地在跑步机上不停地跑着。但他不是为了健身、减肥或参加比赛，他是在努力让自己的脸尽可能地红，这样在午餐休息结束前，他回到电子产品商店时，就可以看看同事们是否会注意到。

什么？

我保证这一切你很快就能明白。有时，我们确实会表现出明显的焦虑症状，我们的确会脸红、出汗或颤抖。但我们认为每个人不仅能看到我们的焦虑，还会严厉地批评我们。换句话说，我们认为别人会评判我们。

杰克知道，他在运动、喝一杯以上啤酒、感到尴尬，（还有最要命的）感到焦虑时，就会脸红。这一点他可以在镜子里或照片中看到，有时别人也会说起。夏天，他可以把脸红解释为天太热，但天气寒冷时这个说法就不成立了。他说："有时我会脸红，因脸红而尴尬，结果脸更红，之后又觉得别人会注意到我脸红，脸就红上加红了。这简直是灾难！"

当杰克感到脸开始发热时，他的脑海里就会闪过：如果我脸红，那就像我在隐藏什么，人们就会认为我有问题——有病或者是个变态。他确信人们看到他脸红时会想，"哇，杰克有问题"。

这种情况发生过吗？杰克说："最糟的一次，是我在店里帮两个十几岁的女孩，其中一个女孩问我，'你怎么了？'"那次我脸红得都发紫了。之后的几个星期，杰克一直躲在电器区，那里顾客少，尤其是十几岁的女孩很少会去。

这种恶性循环是这样的：首先，你产生了某种身体反应。然后，你认定这种身体反应是羞耻的。"如果人们看到我的手颤抖，会认为我有问题""如果我在公共场所晕倒，那就太可怕了""人们会注意到我眼皮在跳，然后坏事接踵而来"……对杰克来说，就是，"如果我脸红，所有人都会认为我有问题"。最后，预测身体可能会背叛你，然后试图隐藏身体，就像杰克躲在真空吸尘器和烤面包机旁以免暴露。好，以上就是痛苦结果的完美配方。

有些人竭尽全力想隐藏自己的症状。我有一位叫乔斯林的来访者，她的困扰是出汗。她身材高大，属于易出汗体质。她相信自己额上的汗珠和腋下的汗渍会让人多想，他们的表情里都带着掩饰不住的厌恶：这个人哪有问题吧？她在公共场合总会局促不安，于是她虔诚地使用处方强度的止汗剂，不仅喷在腋下，还喷在额头上，每隔一小时就喷一次，这让她无法集中精力做任何事。有一次，她甚至在工作服的腋下缝了一块海绵，结果海绵鼓起错位，效果更糟了。应对自己出汗几乎劫持了她所有的注意力、所有的时间，甚至包括她的生活。

就像杰克和乔斯林那样，当我们感到有压力时，身体也会做出相应的压力反应，这与我们的目标背道而驰。对于杰克，他是从因有压力而脸红，变成了因脸红而有压力。对脸红的恐惧，以及担心别人注意到并且会反感，反而使他脸红的情况越发严重。

这种躲不开别人评判的迷思，其主要动力是“聚光灯效应”。聚光灯效应指的是高估自己的行为和表现会被别人注意的程度。当我们感觉自己特别脆弱或明显被暴露时，这种效应就会加强。研究表明，无论我们是发型糟糕、衣服太显眼、排球赛打烂了，还是网游玩得太差劲，我们总是会高估别人对我们的关注。我们感到自己怪异、古怪或愚蠢时，又会觉得别人审视我们的程度高过天际，但社交聚光灯绝没有我们想象的那么明亮。这种想法并不新鲜。早在 1936 年，戴尔·卡耐基就在他的经典著作《人性的弱点》中写道，与你谈话的那个人“对自己、自己的欲望和自己问题的兴趣是对你和你的问题兴趣的100倍。我们都在自己世界的中心，但我们忘记了其他人也是如此，都在各自世界的中心位置”。

我们大脑处理模糊性的过程，又为“人们都会评判我”的迷思设了最后一道岗。为保护自己的安全，我们会在面对不确定时脑补最糟的情况，这样就可以做好准备，而不致猝不及防。想想下面的句子：

老板把你叫进他的办公室。

你说了句话后大家都笑了。

朋友没回你短信。

一位老朋友说你现在看起来和以前不一样了。

你是否立刻会想，老板会不会因为什么事要训你，还是他只是想称赞你，或者只是给你分配个新项目？人们笑是因为你说了什么尴尬的话，还是有趣的话？那个不回短信的朋友是生气了，还是在忙别的？你的老朋友是在挤兑嘲弄你，还是在暗示你看上去很精神？

这就是杰克察觉人们在看他时内心产生的想法。他设想最坏的情况：他们看到他脸红就认为他有严重的问题。那么解决方案是什么呢？杰克向朋友查尔斯说了自己的这个问题，查尔斯给的建议并不是杰克所希望的。“和女生在一起时，”查尔斯说，“你就说，‘我不是脸红，是你太辣，把我都灼伤了。’”杰克翻了个白眼。杰克是个聪明人，他可不会那么说，永远不会。

现在我们回到跑步机上的杰克。我们的目标不是送他一句俏皮话，而是让他意识到脸红不再是什么大事。注意，我并没有说我们的目标是“不再脸红”，而是让杰克不再怕脸红，并且能对脸红说：“尽管来吧！”我们要打破这个迷思。不仅大多数人都没有注意到，而且即使注意到，也不一定会评判。

在跑步机上锻炼时，杰克成了脸红方面的“专家”。运动的确会带来类似焦虑引起的不适感觉：心跳加速、出汗、呼吸短促，当然还有脸红。① 俯卧撑或举重训练会让你身体颤抖；在楼梯上跑上跑下或者做波比跳，会让你心跳加速；即使是压力球的训练也会让你的手颤抖。

你也可以来点儿创新：用咖啡搅拌棒堵着鼻子呼吸，感受头晕的感觉；把头放在膝盖中间坐几分钟，然后迅速坐直身体，感

---

① 额外收获：运动对心理健康益处的研究让我感觉很震撼。数项研究发现，运动对抑郁症、创伤后应激障碍、多动症、惊恐，以及任何你能想到的挑战，都有改善作用。此外，它还可以被用来帮助人们戒烟、改善睡眠、提高活力、提高认知功能、增强性欲等。运动对社交焦虑也有好处，不仅对那些让人讨厌的感觉或脸红有效，还能释放紧张的能量。在社交活动之前好好锻炼一下，可以让你紧张的情绪平静下来。

受下眩晕的感觉；或者像个 5 岁孩子在妈妈办公室里撒欢，坐着转椅不停转，感受下头晕目眩。这些都是为了让我们对这些感觉产生厌恶感。我有一位客户，他害怕做磁共振时的狭小空间和受限感，于是他躺在地板上，将头埋在床下，让自己做些准备。等感到无聊了，他就加大难度，躺在床下时把脑袋固定在地板上。唯一问题是，他忘了提前告诉妻子，当妻子看到他被绑在地板上时，他得努力劝服她不要报警。

我离题了。重点是：你的目标是要习惯自己身体这种“狂欢”式的反应，不管是流汗、颤抖、声音抖、脸红，还是其他反应。还记得第 10 章中提到的暴露吗？这个也一样。“暴露”是说要去经历你的恐惧，而不是躲开，认识到这些感觉不仅没那么糟，而且经过练习后，你会觉得它们很无聊。

在跑步机上跑过几次后，杰克觉得自己已准备好尝试下一步了。他关掉跑步机，直奔更衣室。洗完热水澡，穿上衣服就大步走出健身房，穿过停车场，来到电子产品商店。这招很管用。他觉得自己脸红发热，这是他生平第一次真正想要脸红。

当他走进商店，准备直面恐怖的评判时，自动门嗖的一声打开了。他穿过通道，走过家庭影院区，穿过电子游戏区——店里不忙时，许多同事都在游戏区。他边走边和同事打招呼，想引起他们的注意。有几个同事回了一声“嗨”；一位同事说起波士顿红袜队最近的失利，但对杰克的脸只字未提。杰克心里觉得有点儿不舒服。他知道明天腿会酸痛，他费这么大劲儿只为把自己的脸弄红，却没有人在意。

我以前有位来访者叫莱斯利，她担心人们会注意到她谈话中的停顿。于是，我让她对尴尬的停顿说："尽管来吧！"我们安排了一个实验，让她与我的一位同事交谈。我的同事不知道的是，莱斯利会故意把话说一半，静数 5 秒钟，然后再开始说话。之后莱利斯询问了这位同事的反应。她说："是有点儿奇怪，但我估计你只是思路断了一下。"这位同事又不好意思地承认："我们坐在那里不说话时，我就开始想我今天要做的事，真没想过你怎么回事。"

这个反应很典型。想想上次你注意到某人停顿了一下，说："嗯……"他的表情奇怪或外表不太正常，你会对此表现出不悦或去评判吗？可能不会。更有可能的是，你只是注意到了这一点，然后就继续做别的事了。对杰克来说，即使有人面带困惑地问他"你还好吗"，杰克也可能只是简单回答说："我很好。"还不错，这里没有评判，只有好奇。

那个十几岁的女孩呢？仔细想想后，杰克意识到，当她问"你怎么了"时，他甚至不知道她说的是不是他的脸红。他不知道自己是否在无意识中试图藏起自己的脸，或是表现得像出了什么事，这些都会让人觉得奇怪，于是她问了杰克那个问题，可能根本无关他的脸红。

脾气坏、爱评判的人哪儿都有。我们中大多数人没准和这样的人还有亲戚关系。但如果有人说了粗话，那是谁做得不得体呢？是你还是他们？即使你最糟的设想发生了，让我们再回到屡试不爽的工具：这到底会有多糟？概率有多大？你将如何应对？

我们来总结一下：与我们感觉自己像在聚光灯下、是透明的感受相反，我们的思想和身体常常会被忽视。我们的感觉不是我们的真实模样，即使有人注意到了我们的反应，也不意味着他们就会评判我们。注意通常不过就是注意。只有当我们把海绵藏在腋窝或把自己藏在葡萄酒展示区时，别人才会去猜想。而且，如果有人说了粗鲁的话，更能说明是他们的问题，而不是我们的问题。被评判并不能说明评判者就是对的。

重要的是，杰克还是经常脸红，他的自然生理特征一点儿没变，但他对脸红的关注变了。跑步机实验后，杰克重新建立起了信心，他选择站在店里最受欢迎的手机区附近。之后的几个月，他的销售佣金翻了一番，并在会议上获得了销售“新星”奖。杰克接过证书时，脸又红了，但这次是因为自豪。

第 13 章
陷阱 4：我必须表现得很完美

罗西与 6 位与会者站成一圈，随着大家的交谈声在她头顶上方萦绕，她变得越来越安静。她心不在焉地摸着贴在衬衫上的名签，思考着自己要说的话，但等她想出来时，话题又变了。她能感觉到自己的决心在动摇。选择走上前去加入这群人时，她觉得自己很勇敢；但此刻，她感觉自己是隐形的。

到目前为止，罗西很少在会议上觉得自己勇敢。她通常在报告开始时掐点来，一结束就马上离开，她感觉自己应付不了报告前后的寒暄。她用午餐休息时间看展示报告——其实她已经准备好几天了，但是来回看让她觉得自己在做有价值的事，同时又能避开午餐时间的聚会。在一次研究生的联谊活动中，她接触了几组人，但很快就觉得害怕、不知所措，只能偷偷溜走。她托词说要去洗手间，接到紧急电话通知，或突然想起还要去别的地方。更糟的是，罗西能感觉到周围的每个人都在互相交流——大家互相拥抱，然后轻松交谈。

她来参会是为了展示她的研究生工作，并为找到工作拓展关系。她清醒地看到学术界的职位实在太少了，所以提醒自己要让未来的同事看到自己：机智可爱，有趣体贴，聪明能干，但不骄横。这任务太艰巨了，她静静站着，心不在焉地摆弄着自己的名签，觉得自己完全没办法应对这场合。“我记得自己心里在想，‘我不知道怎么能表现正常，’”她说，“回忆起那次会议，觉得很尴尬，也确信自己有问题。”

那次会议结束后不久，罗西预约来找我咨询，请我把她加到社交技能训练营中。“我一直不清楚怎么能表现得正常。”她直截了当地说。但在社交焦虑问题中，她并没有社交技能缺陷（这一点我将在第14章详细讨论），所以我知道其实是别的原因。谈到那次会议，罗西说，她看到周围人一圈圈地聚在一起轻松聊天，觉得越来越沮丧。谈到社交焦虑的经历时她说：“就像不知道怎么说当地方言一样，为了弥补不足，我会花几个小时计划如何社交。但如果没能按计划进行，我就会生气，分析哪里出了问题，以免再次发生。我25岁了，应该知道怎么和别人交谈，对吧？

所以没有借口犯错，交流要顺畅，不能冒犯别人，让别人感觉不好。我应该表现得聪明、自信，哦，还有诙谐。我必须诙谐幽默。不要说什么‘做你自己’，我讨厌做自己——如果做我自己，我会表现得笨拙、怪异和做作。”

欢迎来到完美主义的巅峰。难怪我们无法呼吸，在这里我们找到了社交焦虑的第 4 个陷阱：“我必须表现得很完美。”我们已经跨过一条线，进入了不切实际的高标准，而且僵硬严苛地坚持这些标准。最重要的是，接受了人的自我价值取决于事情结果的观点。的确，身处追求完美无瑕的文化中，难怪我们会焦虑。但完美主义实际很不妥。我们很少有人期望自己的生活，无论是社交还是其他方面，真正完美。相反，完美主义意味着永远不够好。

当罗西谈起那次会议，以及之后她参加的其他社交场合（出席实验室会议、带访问学者参观实验室，和同学一起串酒吧喝酒）时，她说出了那些一直坚持不放的自我规定：

> 我说话时，应该听上去很聪明。
>
> 我应该总能说出有趣的话。
>
> 谈话中不应该有间隙或沉默。
>
> 我应该总表现出轻松自信的样子。
>
> 我有责任让我的同伴一直有兴趣和我对话。

我必须令人愉悦。

我必须表现得很好。

我得给人留下好印象。

我必须和每个人进行联结。

每个人都要喜欢我。

如果我不幽默、不酷，人们就不会想在我身边待着。

感到压力了吗？完美主义者对成功有着不切实际的标准，对失败的标准也很宽泛。只是听听罗西的规定，我就会觉得自己完全不够格，因此这一切也好理解了。我很难找到谁能在这些期望下还能表现出众。

在一项解释性研究中，波士顿大学社交焦虑首席研究员斯特凡·霍夫曼博士研究了极高标准与社交焦虑之间的联系。他和同事请有社交焦虑和没有社交焦虑的人做演讲（就像让人进行 5 分钟谈话一样，社交焦虑研究人员也喜欢让别人演讲）。演讲前所有的参与者都观看了同一段视频，视频中有个人做了一场堪称经典的演讲——流畅、清晰、自信。但两组人得到的是对演讲完全不同的评论。高标准组被告知："说实话，大多数人的表现比视频中的人要好得多。"低标准组听到的是："说实话，大多数人的表现都没有视频中的那个人好。"

之后，每个人都被问到觉得自己的演讲怎么样。没有社交焦虑的参与者认为自己做得很好——不管他们之前看到了怎样的演讲范例。但在有社交焦虑的参与者中，范例演讲造成了很大差异：高标准组的参与者想着要超越一次近乎完美的演讲，他们评价自己的演讲是“可悲的失败”；但低标准组被告知大多数人都不擅长演讲，视频中的人是出类拔萃的少数，他们对自己演讲的评价与没有焦虑的人群并没有显著区别。换句话说，当社会标准低时，有社交焦虑的人认为他们做得很好；而标准高时，不管实际表现如何，他们都认为自己搞砸了。

如果说完美主义的一端是高出天际的期望，那另一端就是把自身能力矮化成泥土里的蠕虫。事实上，罗西对自己社交能力的极端看法，和她对自己的期望一样古怪：

> 我没有社交技能。
>
> 我不知道怎么做才能不尴尬。
>
> 我不知道怎么正常表现。
>
> 我总给不了别人希望我给出的印象。
>
> 我有问题。
>
> 我是个失败的人。

这是教科书般的完美主义：在你的期望和自己实现期望的能力之间有差距——差距越大，我们就越恐慌。罗西的社交互动规定和她对自己技能的评估显示了心理学家所说的“二分法思维”，即全有或全无思维。不管它的名字叫什么，意思是我们认为如果某件事做得不完美，那我们就失败了。而且我们把失败个人化了：如果不能轻松机智地和他人交谈，我们就是彻头彻尾的失败者。

但事实上只有我们自己这么想。寻求朋友和熟人的反馈好像有点儿怪，但华盛顿大学就对此做了一项研究。研究人员要求有社交焦虑的人和没有社交焦虑的人带朋友来参加研究，然后请他们和朋友彼此诚实地提供真实评价，评价友谊的质量和喜欢彼此的程度等。总的来说，有社交焦虑的人自我评价是负面的，但朋友对他们的评价是正面的，和没有社交焦虑的人从朋友那里得到的评价一样。

怎么回事呢？首先，我们对自己要求严格，定的标准几乎不可能达到，但我们理解并同情他人。我们不仅会用双重标准，还会努力去看别人最好的一面，同时却认为对方会看到我们最差的一面。细想下那些认为别人会评判或拒绝我们的想法，我们对自己真是太吝啬了。

但是，最具破坏性的完美主义心态是我们的价值取决于自己的社交表现。不完美就不够好，在二分法思维里，不完美更像是“完全无能”。罗西这样的完美主义者达不到她无法企及的社交标准，她会觉得全是自己的问题。“我在社交方面能力很差，所以我很差劲。”这就是她的结论。

但还有些完美主义者的结论是“别人都差劲”，我的客户薇薇安就是个很好的例子。

在我的办公室里，坐在我对面的薇薇安抱怨说：“人人都那么爱评判别人。我们这一代人太自以为是、心胸狭窄，而且世上到处都是蠢人。我的意思是，是什么让你认为你可以活着却不为世界做贡献？”

“你”这个词把我惊着了。这是我第一次见薇薇安，她24岁，有社交焦虑，而且正如我现在了解到的，她非常非常生气。

“我不知道怎么社交，而且我这个年纪的人都很阴险、不成熟、很肤浅。我以为这些人很聪明、敏感、成熟，但他们就爱聊八卦、背后捅刀子、言行傲慢、自以为是。”她说的“这些人”是她的同事。薇薇安刚在一家非营利性组织的筹款部门找到了一份新工作，薇薇安很喜欢这份工作，认为她的工作很有意义也值得投入。她讨厌的是那些同事。她也很痛苦，渴望被大家接受却又总爱吹毛求疵。她的线上生活更糟。浏览 Instagram（照片墙）时，她忍不住要在聚会、远足或聚会照片下面留下简短且尖刻的评论。她贬低大家的集体照，因为那让她深感孤独。无论在网上还是在现实生活中，薇薇安知道是自己在把别人推远，她时而为自己的荒谬感到内疚，时而又责怪别人小气愚蠢、自以为是。

这就像是在看一场网球比赛：内疚，责备，内疚又责备，来来回回。

薇薇安说话时，有时音量高到像在叫嚷，甚至是咆哮。还有，她爱用第二人称说话，“你走来走去的模样就像你就该在这儿，就像你在为社会做贡献，就像你理当活着。除非你做了巨大贡献，或者你活得有价值，否则你就不应该在这里”。她来咨询过几次后，我才意识到她说的“你”不是指我一个人，她是在对所有人吼叫。

第一次咨询完，她离开时，我有点儿头晕心烦。薇薇安乘电梯下楼时，接待员示意我过去，“你下次能在走廊那头订个咨询室吗？”她低声说，“我们在接待室都能听到她的声音。”

就像罗西一样，薇薇安的标准是如此之高、如此之严格，以至于在她眼里，她自己都不值得活在世上。她完全相信“我必须表现得很完美”这个迷思，她的焦虑和不安侵蚀了她的自尊，使她觉得自己一无是处。她看到其他人“走来走去的模样，好像在说‘我当然应该在这里’”，这让薇薇安觉得他们很傲慢、自以为是，让她对自己和别人都很生气。但实际上其他人只不过是正常表现。对于薇薇安，她的能力和期望之间的差距巨大，不是因为她的能力低，而是因为她的期望太高。别人怎么敢要求这么高！他们可不像薇薇安那样挣扎。

虽然典型的社交焦虑可能是往后退缩而不是靠近，或是绕远路（这样我们就不会碰到任何人），或是忍着不举手……但这些不是全部。评判、愤怒和对批评的极度敏感看着不像是典型的社交焦虑，这种表现不像是披着羊皮的狼，而像是披着狼皮的羊，在感到被潜在评判或羞辱逼近时，我们就会露出“獠牙”。薇薇安就是如此。大约 1/5 有社交焦虑的人像她这样，表现为易怒和愤怒。她不是畏缩在角落里，而是凶巴巴地走出来。

虽然表现形式可能不同，但他们的目标是相同的：避免被拒绝，避免感到焦虑，希望能被大家接受。人类有一种基本的归属需求。愤怒被认为是目标受阻的结果。所以，当焦虑感影响到我们被他人接受时，我们就会非常生气。

举例来说，如果是典型的行为受抑制的人（比如我们的研究生罗西）受邀参加派对，她可能会选择待在家里。她还可能会把所有来电转到语音信箱，以防有人打电话来劝她去。而薇薇安则会参加聚会，但她会表现得很专横，企图控制谈话，话题不合适时就换话题，谈话中总是先离开。她会尖刻地评论别人。如果有人说错了某个事实，她会马上跳出来纠正：“不是的，事实上我们的大脑使用率在 10% 以上，那种说法不对。”“我想你是说劳动节，而不是阵亡将士纪念日。”她咄咄逼人，让别人不想再说话，但在别人拒绝她之前，她会先决定拒绝谁，这会让她感到没那么焦虑，这和罗西待在家里的结果是一样的。

细想一下这些都有道理。拒绝和愤怒之间的关系很紧密。如果我们把模棱两可的社交信号看作拒绝，把微笑看作嘲笑而非友好，把谈话中的失误看作厌倦而非正常的停顿，我们的大脑就会找到要找的东西。没有恶意变成了拒绝，我们的本能大脑如何应对威胁？战斗或逃跑。躲在浴室隔间是逃跑。但如果我们认为自己被接受的过程受阻，可能就会生气，然后一路战斗下去。

尽管有频繁的愤怒经历，但实际上有社交焦虑的人比没有焦虑的人更少表达愤怒。这是什么意思呢？意思是有时我们会压抑自己的愤怒，但这种情绪不可避免地会泄漏，也许表现出的是敌意、易怒或被动攻击；它也有可能向内渗透，引起肠胃问题、背部疼痛或颈部疼痛，或者因磨牙导致下巴疼痛。

如何处理这种激烈的愤怒呢？薇薇安可能会说“那些人蠢到家了”，但既然只能改变自己，我们不妨这样开始。

我们从自己的信念开始。每个人都带着信念，即已积累多年的指导性知识和价值观。信念可能直接来自我们的父母或同学，也可能来自社会的渗透。其中有些信念有用：如果多练习，通常我会在一些事上做得更好；大多数人都是好人；喝醉时不要去文身。但有些信念就没那么有用，尤其当它们能完美地点燃社交焦虑之火时。例如：

每个人都要喜欢我。

如果我犯了错，人们就会看轻我。

我的幸福更多地取决于别人，而不是我自己。

除非我认识的大多数人都羡慕我，否则我不会快乐。

如果人们看到真实的我，他们就不会想和我在一起了。

情感必须加以控制。

表达情感是软弱的表现。

薇薇安带着很多这种信念，她知道自己外表的尖刺下是怎么回事。“他们不想理我，是因为我不好打交道，”她说，“所以，我也不理他们，因为我很生气，他们没给我更多机会，这并不是我想要的。”

为什么有社交焦虑的人在过去几年里激增，尤其是像罗西和薇薇安这样的年轻人？问一打专家，你会得到一打不同的答案，其中包括：我们的忏悔文化减少了耻辱感，人们觉得谈论自己的焦虑是安全的；可能是父母的直升机式育儿法，让千禧一代对成年后的社会交往毫无准备。答案有很多，但其中很大一部分都提到了社交媒体。以薇薇安为例，她在Instagram上看到同事们的一张照片——他们在享用墨西哥玉米卷和啤酒（没带她一起玩），于是她的不安全感（和怨恨）上升了。

这些由社交媒体引发的社交焦虑与特定平台的关系不大，事实上，以前的 MySpace（聚友网）和一些聊天室也曾引发与如今的应用程序同样的焦虑。但无论何种平台，社交媒体都是一种表演。而表演就要求完美的自我表现。当然，我们很早就开始经营公众形象（马尾辫还是卷曲假发？软呢帽还是黑色礼帽？），但现在有了智能手机摄像头和滤镜，我们可以用以前没有的方式来管理自己给别人的印象。

此外，社交媒体进入人们生活的深度和广度也是前所未有的。有些人选择诚实地展现他们混乱、不完美的生活。既然可能被别人审视，我们又有能力管理好自己给他人的印象，那当然希望用合适的光线和角度来展现自己。事实上，认可也是量化的，你的点赞、朋友和关注者都有具体数量。操作指导类网站提醒说："一张与你的 Instagram 账号不匹配的照片会让你永远失去关注者。"这让人很难抗拒完美主义的诱惑，而完美主义正是社交焦虑产生的核心原因。还记得罗西的自我规定吗？"每个人都要喜欢我"变成了"每个人都要给我点赞，或关注，或转发"。

完美主义也造成了另一种普遍存在的社交媒体现象。2013 年，错失恐惧症（Fear of Missing Out，简称 FOMO）被收入《牛津英语词典》。它是指"一种普遍存在的恐惧，认为别人可能正在享受某种有趣的经历，而你不在场"。乍一看，这种恐惧似乎不是什么完美主义，但它带来的结果是什么？我们感到不够好、被拒绝或者有问题。这种非黑即白的结论就是完美主义的核心。对薇薇安来说，深夜浏览 Instagram，看到她错过的聚会照片，前一天的自酿啤酒品尝会，大家在城里新开的小酒馆喝酒，别人的这些玩乐都像是在证明她的社交失败。

随着错失恐惧症这一概念在过去几年的发展，显然它现在会给我们带来不同的味道和感觉。若要找到你自己害怕错失的，你要问问自己："如果真的错过了，这说明了什么？"

第一种味道，我做了个错误的决定。这次又回到了完美主义。这个决定可能小到你上次去的餐馆，大到你选择的职业，但无论这个决定是什么，这样的想法都会削弱你对自己判断力的信心。"这不是正确选择，这不够好"——这种类型的错失恐惧，会让人去想"要是……"和"如果……"等无法回答、只能引发焦虑的问题。事实上，2013 年的一项研究表明，那些经历了更多错失恐惧的人，整体生活满意度也更低。

第二种味道，别人比我过得好。这本质上是嫉妒，是自卑和怨恨的混合。这种类型的人最接近"错失恐惧症"这个词的实际含义：你被大家排除在外，他们要么是没想起你，要么是故意的，或者因为你不知道、你没权限、你没勇气。不管如何，这种类型直接回到了"我不够好"这个层面。

最后，对于"如果真的错过了，这说明了什么"这个问题的最后一个答案是"我很差劲"；或者按薇薇安的说法——他们很差劲，你懂的。这两种极端的完美主义都表达了不安全感。

那么，除了感到焦虑、妒忌和不安之外，错失恐惧症还会带来什么损失呢？它让我们开始向内关注。但当我们向内看时，就像在医院实习的迭戈一样，我们会错过周围发生的一切。这就是错失恐惧症最大的代价了：你真的错过了。假设你正在家里度过一个很放松的夜晚，但在查看提醒和更新时，你发现了一个没能参加的聚会，这时你的大脑就不再继续享受，而是开始比较了：我做了错误决定吗？他们这会儿过得比我好吗？我真差劲。结果呢？我们忽略和偏离了最重要的时刻：真正身处其中的时刻。我们的大脑不适合同时处理多项任务，所以当我们在当前时刻和状态更新之间来回切换时，就会有一系列的来回跳跃和中断。再说一次，你是真的错过了。

对于薇薇安或我们中的任何人，可以有两种方法来应对错失恐惧症。第一种，我们要记住人们通常会在社交媒体上表现自己最好的一面，所以只发布他们生活中最精彩的照片和状态。他们往往会发那些美好的事物和时刻：假期、成就、孩子们可爱的一面、自己的靓照……没人会发清理猫砂、买打折的卫生棉条，或做了个糟糕的发型等糗事。他们经历这些事的次数和你一样多，只是没有展示出来。不要把他们滤镜下的图像和你日常的无滤镜现实做比较。

另一种办法是享受错失之乐。这是一种从容的选择，它能让你享受当下。有时会被看作逃避现实：穿运动裤，不洗头，用勺子吃巧克力酱……但它更多的是有意关注你的实际所在。时时刻刻的技术连接让人们渴望和珍视个人空间，所以有意决定待在家里读本书，依偎在爱人身旁而不是出去玩，或者只是喝杯牛奶早点儿睡觉，也可以很有效地抗衡完美主义驱使我们时常进行社交联结的需求。

现在我要指出一点，人们很容易把逃避伪装成错失之乐。毕竟，有社交焦虑的人都是完美主义者，所以很容易产生全或无的心态——不是参加所有的派对，就是待在家里拉上窗帘。但是，全或无并不是解决完美主义的答案。

那什么是呢？1980年，现为斯坦福大学名誉教授的戴维·伯恩斯博士出版了第一本基于研究的抑郁症自助书《伯恩斯新情绪疗法》，书里有一章是关于完美主义的，题为“敢于平庸”。在这一章，他用了一个很贴近罗西内心的话题科研论文来探讨完美主义。他写道，作为年轻的研究新手，他花了两年时间润色自己的第一篇科研论文。这确实是一篇优秀的论文，他至今仍为之自豪。但他注意到，在那两年，他的同事们也发表了大量论文。他分析说自己的第一篇论文很好，价值98个点。但他认为，他也可以在同一时期出10篇论文，每篇论文价值80个点，这样净产出就是800个点，这比他写了两年的论文大作仅能得到的98个点要好得多。

有科学头脑的研究生罗西，欣然接受了敢于平庸的概念。作为优秀的空手道黑带，她特意让自己做了些普通训练。她问了下同事预演实验室会议报告的次数（平均1~2次，如果是高技术含量的幻灯片，有可能再加一次），她自己也试着照做，而不是过度准备和预演。但更重要的是，罗西决定去尝试符合其一半标准的对话，于是她马上体验到了解脱感。她只要表现出一半的风趣、自信或聪明就可以了。她说："和以前不一样，我只想做个普通人。"

怎么回事呢？因为压力小了，罗西就表现得更为自然，其谈话对象也给了她更好的回应，比她紧张痛苦时好很多。结束谈话时，她感觉很好，这也提升了她的自信心。以前，当她认为自己有责任要维系对话、要时刻表现得机智流畅时，她从没达到过目标。现在她的目标是"平庸"：谈话中可以有些停顿，她会主动做一些（而不是全部的）互动，她可能会说些机智的话，但也可以不说。她不仅实现了这个目标，而且愿意再去尝试，这就形成了一个良性循环：不仅更有成效，她还可以进行更多的练习，而且心情也愉快得多。

而对于薇薇安来说，她需要大量的练习来减少谈话时对自己和他人的愤怒。她内心那个硬核完美主义者认为，她对自己苛求更有效。"这是严厉的爱。"她抗议说。但渐渐地，她明白，正是挑剔、爱批评，让自己陷入了困境。敢于平庸很有用，敢于善待自己同样有用。同事安娜对薇薇安很热情时，一开始薇薇安想的是安娜肯定没什么事可做，也没多少朋友。发现自己的这个想法后，薇薇安努力让自己相信安娜真的是喜欢和她在一起。几天后，薇薇安和另一位新员工聊得很开心时，她先想到的是“他一定是急于结识人”，但她慢慢尝试去接受，她可以很友好，而且不需要那么有戒心。她第一次相信了这点。

有时候最高标准能让你走得更远。很多成功的人把自己的成就归功于完美主义。但有时我们会发现自己在运用我们关于完美主义的新知识时用力不当。我的一位来访者乔希是旧金山一家餐馆的主厨。在我和他讲过完美主义的概念后，再次来找我时，他满怀困惑和愤怒。他说：“来找你咨询是我这么久以来做的最糟的决定。”这话让我有点儿慌。“我在质疑自己的高标准。有个厨师搞砸了一堆事，我差点儿解雇他，但后来又想，也许我太完美主义，于是就留下他了。结果第二天晚上，这个白痴把我花了两天做的牛肉高汤给倒了。之后，在和营销负责人开会讨论餐厅的品牌推广和经营方向时，因为我觉得自己以前太注重完美，恨不得认可他的每一个想法。”

让我们总结一下：只有当高标准阻碍了你的前行道路时，完美主义才是问题。如果高标准在其他方面很有成效，比如乔希为他的餐馆制定了很高的标准，那完全没问题，这叫“积极奋斗”，是“无毒版”完美主义。不同于那种注定实现不了的完美主义标准带来的失败感，积极奋斗的目标是很高，但并非不可达到的标准，达到这些标准时，奋斗者就会感到快乐和满足。

最终，罗西开始参加研究生院主办的活动，她甚至还组织了几次聚会。但她只参加电影和晚餐，从不去泡酒吧，因为去了就要玩飞镖或打台球。她也不去打保龄球，宁死也不唱卡拉 OK。她已经努力进入了研究生院社交生活的边缘地带，但因为害怕自己出丑，她没有冒险进入中心地带。“我不想当白痴，”她说，“我感觉和人见面就像是在激光迷宫里，一旦搞砸，周围的警报就会响起。”

这种想法并不新鲜。20 世纪 60 年代中期，心理学家艾略特·阿伦森在我最喜欢的一项研究中就证明了这一点。研究参与者被告知：“这是个有关印象形成的研究，你将听到一名学生在参加大学生知识竞赛杯时的录音。”参与者被随机安排听 4 盘磁带中的一盘。每盘磁带中的参赛者回答了 50 道问答题，然后谈了谈自己和自己的背景。这 4 盘磁带有什么不同吗？其中有一盘磁带中的选手表现出色，答对了大部分问题；另一盘磁带中的选手有些吃力，仅答对了不到 1/3 的问题；但更有趣的是，余下的两盘磁带除了录音结尾，其他部分和前两盘完全一样。在结尾椅子的摩擦声中你会听到参赛者惊叫：“天哪，我把咖啡洒在新衣服上了！”

在听完指定的磁带后，参与者会被问及他们对选手的印象。谁最受喜爱和尊敬？结果，每次胜出的都是同一位选手：那个在竞赛中表现出色但不小心把咖啡洒在衣服上的。

通常我们认为出错是坏事，会竭尽全力避免把事情搞砸。但假设我们总体来说是可靠和有能力的，出错反倒是好事。[①]（比如这个失误，反倒神奇地提升了参赛选手的魅力。）为什么呢？阿伦森和同事们的结论是，咖啡事件让这位选手看上去更像个普通人，更好接近。他还是那个出色的他，只是不再令人生畏。他从超人变成了普通人，因而更有魅力。我们更喜欢不完美的人。这可以解释为什么自嘲招人爱，在红毯上被绊倒的明星更可爱。

没人喜欢尴尬的感觉，但这是我们进化的必经之路。尴尬被认为是非言语道歉或安抚姿态的演变，而且尴尬的确能促进彼此的信任。那些会感到尴尬的人更友好、值得信任、更慷慨大度。请记住：社交焦虑好坏兼具。

慢慢地，薇薇安学会了在网上和现实生活中对自己更宽容，她放松了对自己的标准，对别人也更加宽容。当安娜邀请她和同事去一家人多嘈杂、很难找到停车位的餐厅时，薇薇安没有向大家抱怨，而是顺其自然。她不再一心想着操控谈话，而是试着去倾听，自然地对话，结果她惊讶地发现这样反倒玩得更开心。之前薇薇安觉得自己一直在走社交钢丝，但随着自己态度的软化，

---

① 你在担心自己能否算是个有能力和可靠的人，你的担心就能说明你没问题。

她发现这条钢丝越来越宽，这让她松了一口气。

罗西呢？她鼓足勇气去了一家有台球桌的酒吧，心里暗暗希望自己逃一两圈球时不会有人注意到。但她惊讶地发现，很多人台球打得也很烂，会打的人也不在意她会不会打。她不用信完美主义的神话，也无须表现完美，这和打台球都没关系。胆子大起来，几周后她又去打了保龄球，一个接一个地扔球，虽然最后只得了个两位数的低分，但她玩得很开心。有多少人会关心她的保龄球分数？没人。但是有多少人，第一次因为做（不完美的）自己而快乐呢？有一个人：罗西。

第 14 章
陷阱 5：我的社交能力很差

没什么比想显得自然更不自然的了。

——弗朗索瓦·德·拉罗什富科公爵，
《格言》，1665

全新的拳击健身馆里，高高的煤渣砖砌成的墙上装点着几幅壁画。一面墙上画着拳击馆的巨大标志，另一面上是当地拳击冠军的肖像。工业货架上整整齐齐摆放着健身球、跳绳和五颜六色的拳击手套。两个标准尺寸的圆环旁，悬吊在天花板上的沙袋等着人们去击打。健身馆崭新明亮、设备齐全，但只能看到老板德里克一个人。

健身馆开张后，德里克来找我，我把他加进社交技能训练营里。因为职业关系，他对训练营寄予了厚望。

德里克的父亲是当地拳击界的一位传奇人物。过去 20 年里，他在城南经营着另一家拳击馆。刚满 30 岁的德里克这样描述那家拳击馆："在馆里训练的有学生、蓝领、企业高管、足球妈妈、街头朋克，也有世界级的拳击手。那里简直是个拳击联合国。"开新的拳击馆是他们父子二人第一次尝试扩张，父亲让德里克负责，但德里克因新场馆客流稀少而责怪自己。"我爸认识所有人，和谁都能说上话。据说老店刚开业时，当地一个黑帮老大走进来想敲他一笔，但我爸三说两说哄着这个老大去锻炼了，"德里克笑着说，"他的社交技能无人能敌，比尔·克林顿可能都要靠边站。"

之后，德里克的笑容渐渐消失了："我没继承老爸这个优点。别误会我的意思，我喜欢在健身房，这里充满活力。但胡思乱想时，我就感觉一切都乱了套。"他说："面对全班学员我没问题，我可以教他们战斗基础和循环战，我可以带新会员参观场地，这也没问题。但没有明确的任务时，我就会表现得很古怪。"他用手指"咚咚"敲着桌子，我满眼都是他文了身的前臂，他的前臂有我的大腿那么粗。

"我想让人们在我们的拳击馆里享受到最好的锻炼体验，我想让他们在离开时说，'哇，这地方太棒了！'于是，我试着在课后和客户聊天，就像父亲经常做的那样施展自己的魅力，结果却总是差强人意。"我要么显得强势，要么头脑一片空白，好像哪里不太对劲。我没有恰当的社交技能，"他总结说，"我有世界上最好的导师，但我就是不会和别人交往。我要是能做到爸爸那样，拳击馆里一定会挤满人。”

他补充说，他和朋友们一起出去时情况更糟。在酒吧，朋友们怂恿他和一个女孩子搭话。他说：“我想要走过去做自我介绍，但又觉得自己想说的话不对劲，于是就缩了回来。”他又试了一次，但脑子里一片空白。他担心自己看上去很诡异，这也让他更加怀疑自己的社交能力。“这些女孩可能以为我是来道歉而不是来搭讪的，”他叹了口气，“我不是交友网的忠粉，但它比酒吧好多了。我是说，至少我知道我和对方是事先进行过条件匹配的。”

但他最关心的还是拳击馆。德里克说，这是他的家族生意，关系到他的家族声誉。他说：“我需要你帮我加强社交技能，我需要社交技能训练营，这样我才能有客户。我不像我父亲，我先天没有这种能力。”

有一点很重要，德里克认为拳击馆空着是因为他缺乏社交技能。的确，当自我意识过度时，我们可能会觉得周末空着、日历空着或床空着，都是因为自己缺乏社交技能。我们认为自己不懂那些社交规则和魔法。

这引出了第 5 个迷思：我的社交能力很差。深陷社交焦虑的我们会说，“我不知道怎么和人交谈”“我不擅闲聊”“我无话可说”“我总是在做蠢事”，或者像罗西那样，认为自己不知道怎么表现正常。技能有一定影响，但影响很小。西方文化建立了一些基本规则，如问候时面带微笑、握手要有力、未经允许不能给女性领导人揉肩等。你可能因为经常逃避社交，技能没有得到机会发展。你可能只是生疏了，并不是没希望。和德里克一样，问题不是你身上没这种能力。如果说有什么让你退缩，那就是焦虑，它在阻止你获取这些技能。

想想在那些让你感到舒服的人身边时你的行为表现。你还缺乏社交技能吗？可能不缺。和德里克一样，表面上社交技能的消失，往往是内心评判的错。如果你总是担心会给他人留下恐怖、古怪、尴尬或愚蠢的印象，那么你的内心评判就会用大量虚假的不佳表现来责备你。或者像德里克、罗西、薇薇安那样，如果你希望一切完美而给自己施加了很大压力，那么肯定会感到窒息，因此产生的受抑也会让你认为自己缺乏这些技能，不知道自己该做什么，无话可说，认为自己会把事搞砸或者做蠢事。但是，我们认为自己缺乏社交技能是焦虑的结果，而不是焦虑的原因。[①]

当然，无话可说或认为自己太显眼是个问题，但这不是技能问题，而是信心问题。有趣的是，大多数有社交焦虑的人实际都有出色的社交技能。在感到受抑时，我们使用这些技能的方式会阻碍我

① 社交焦虑障碍和社交尴尬症的区别在于，社交焦虑是由内心评判长期造成的扭曲，而社交尴尬症则是真的（尽管通常是可以被校正的）技能缺陷。如果没有恐惧和抑制，比如和信任的朋友或家人在一起时，有社交焦虑的人就有足够的社交技能。但有社交尴尬症的人，他们的能力和社会期望之间确实时有不匹配，但这并不是一种扭曲。

们获得自信。我们会让别人一直说话，这样自己就不用说了；我们会巧妙地引导谈话，这样就不用去谈论自己了；我们会问对方很多问题。这种行为方式被研究人员称为“无害社交”。我们经常点头，经常表示同意，我们往往不会打断对方。我们用语言学家标注为“渠道返回”的反应（如“是的”或“哇，真的吗？”）表示我们在倾听并且感兴趣。但你知道吗？这些都需要出色的社交技能。解读群体互动，讨人喜欢，密切关注，维系和谐关系，鼓励他人下意识地主动发言，这些方面我们做得无懈可击。①

如果你觉得自己把事情搞砸了，犯了错或无意中说了冒犯他人的话，那么你可以用更多的社交技能去道歉或解释。没有这些技能才会有真正的麻烦，我们也会被孤立。加州大学伯克利分校在 2012 年做的一项研究发现，尽管我们认为尴尬会让人不适，但这是一种亲社会的姿态，有着极为重要的社交功能。简单说就是，我们的社交能力并不差，只是被抑制了。那么，为什么我们会认为自己没有社交技能呢？

你可能会说，因为我总会做些让人尴尬的事，我总会把气氛弄得沉闷，大家会认为我很滑稽，我不知道他们是装没听见还是觉得我是个白痴。好吧，其实事情是这样的：社交焦虑只有在你害怕被评判、被暴露时才会产生。和伴侣、家人或好友在一起时，你应该也是坦诚、放松和有趣的。但和陌生人或不熟的人在

① 想要了解更多，参照泰·田代博士所著《社交尴尬症》一书。

一起时，你就会觉得拘束，感觉自己缺乏能力。

不只是你这么想，现在，让我们来认识下哈里斯吧。

哈里斯·奥马利自称是个“极客”[①]，但他并不像电视剧《生活大爆炸》[②]里的谢尔顿。他坦率自信、婚姻幸福，但他在大学时并不是这样。当时，他除了对科幻片《变种异煞》和《黑暗之城》的符号学有自己的一套观点外，在社交上他就像一个独行侠，有着强烈的社交受抑感。

他把自己归为“不善与女孩相处”的人。每当有女孩说要和他做朋友，或对他说“我把你当兄弟”时，哈里斯就觉得，自己不懂规则，又输掉了一场比赛。沮丧的他认为一定是自己做错了什么。像德里克一样，他认为自己缺乏这方面的技能。于是有天晚上，他打开笔记本电脑，开始在网上搜索“如何与女孩相处”。

哈里斯那晚的搜索让他踏上了一段长达数年、注定失败的“PUA[③]之旅”。[④]哈里斯以为是缺乏社交技能影响了他的爱情生活，

---

① “极客”指的是对计算机和网络技术有狂热兴趣并投入大量时间钻研的人。

② 书呆子和极客有何不同？最简单的区分是，书呆子＝科学、技术、工程、数学（STEM），而极客＝类型小说。

③ PUA（Pick-up Artist），起源于美国的搭讪艺术，是指通过接受系统化的学习、实践和不断自我完善情商等方式，去吸引异性的人。

④ 这可能听着像在扮演第8章里的一个角色，但这绝对是个虚假的外表。PUA搭讪专家的规则和算法创设的是有欺骗意图的人格面具，与真实的自我完全相反。

他认为爱情指南能提升自己的技能。但这些追求女生的机械操作体系，说好听了是把女性看作算法，说不好听它就是个目标，这让他觉得自己更加脆弱。哈里斯说："这些 PUA 的快速引诱法主要教我如何去操纵和控制女性，如果哪一位女性的做法不符合流程图，那就是她有问题。我本想提升社交能力，但 PUA 更像是高压销售策略，真的有毒。"

让时光快进 15 年。今天的哈里斯有个获奖无数的知名博客，名为"Paging Dr. NerdLove"（呼叫书呆子恋爱博士），其特征是实用、搞笑和精辟。当年的搭讪史早已过去，现在的他向书呆子、极客、御宅族和游戏玩家等人传授爱情和约会的建议："我这里没有有害内容，都是实用和健康的建议。"

就像哈里斯说的，"极客们拥有世上最不幸的超能力——会预测任何事最坏的结果。我们会认真地告诉你，走过去跟别人打招呼，最终会让我们进监狱"。但这不仅是极客们的问题，经历过社交焦虑的人都会觉得自己的社交技能在一点点地溜走。

有时，这些技能真的会溜走。我们的担心会变成自我实现的预言。但这种情况不只你有，这一常见现象被称作"焦虑引发的表现缺陷"。因为焦虑，我们的行为开始变得古怪，大脑一片空白——我们把饮料洒了，我们摔倒了……让人痛苦而又充满讽刺的是，这些行为会惹来别人的注意或警觉，也会使得我们格外尴尬。

我们发出的信号不太对劲，这样就会启动周围人对威胁性的评估。或者，我们会像德里克或哈里斯那样，接近女人时自带的气场是：没关系的，我也不想和自己说话。我们发出威胁信号时，别人会看着我们并做出相应反应，以保护自己的安全。但他们看到的我们最尴尬的模样，也是我们最不想看到、最恐惧的。

在感到拘谨受抑时，我们就已经在过度解读自己的感受了。我们无法再无意识地获取技能，有时就得有意识地记着这些技能。请注意：你知道该怎么做到这一切，但在感到恐惧和受抑时，我们就会莫名忘记。下次你觉得自己很想喷墨汁逃走时，试试下面这些做法。

- **眼神交流。**我们的目标是在和别人说话时，有 1/3 到 2/3 的时间保持眼神交流——少于 1/3 的时间会传递出焦虑、回避或屈从的信息，超过 2/3 的时间则会显得过多。你不需要紧盯着对方的眼睛。你只需要连接，看向别处，重新连接，再看向别处就好。
- **音量。**有趣的是，说话太轻往往和眼神交流有关。感到焦虑时，我们常会看着地板说话，这会压缩我们的声带。声音走向不对时，我们说的话也会模糊不清。但是，如果你看着对方的眼睛，他们就可以听到你的声音。
- **身体。**与你的注意力方向一致。把双脚、整个身体、目光对着和你说话的人或一群人的中心。

· **接近一个人或加入一群人。**书呆子恋爱博士哈里斯建议大家遵循“3 秒钟原则”：看到聊天对象时，用 3 秒钟的时间走过去问好。男性尤其应该这样做，因为沉默的徘徊很快就会让人紧张。加入一个小组时，在 3 秒钟内随便说点儿什么都有用，你不一定要讲个完美的笑话或任何实质性的东西。记住，我们的目标不是完美。“嘿，你怎么样？”或者“我无意中听到你们说……”就足够了。一旦进入对话，你只要认真倾听就好。在感觉自在之前，你不必再多说些什么。做以下两件事，你很快就会感觉自在很多。第一，放弃你的安全行为。想想看，你在做什么来控制自己的焦虑？站在这群人的外围吗？那就走近些。你在打电话吗？把电话挂掉，看着说话的人。还记得蒋甲在汉堡店的发现吗？你得为自己的行为定基调。第二，将你的注意力由内向外转移。还记得迭戈吗？把注意力从你的内在评判或怦怦跳的心脏上移开，注意倾听这群人里的每个人都在说什么。你不必很外向，只需要保持好奇心。听过几轮对话后，你会发现自己有种奇怪的冲动，想说点儿什么。这样我们就来到了下一点。

· **插入谈话中。**在这方面，我曾经很努力地挣扎过。我专注地听着，脑子里冒出个想法，却找不到能插话的间隙。等终于找到时，话题可能已经变了，或者别人先把我的想法说出来了。这让我很生气、很沮丧。我花了很长时间，学会了先快速吸一口气，让行为先活跃起来。这向大家发出了我要发言的信号：张大嘴巴，积极参与。这个方法第一次奏效时，所有的人都转过头来看我，我当时吓了一跳，都忘了要说什么了。

如果感觉自己的社交技能消失了，你可以有意识地去想下这些做法。但如哈里斯所言，你的目标是让自己成长起来，不再需要或固守这些方法。

你会问："我要是搞砸了呢？"你肯定会搞砸的。我过去搞砸过，以后也会。每个人都会搞砸。我们都讲过没人笑的笑话，或者无意中说出的赞扬不合时宜，想和别人击掌时别人没注意到。我们努力想得到某个结果，但结果却完全出乎意料……这些事我们都遇到过。如果你不小心冒犯到了谁，道歉就好。①

但也请记住，你不必做到完美，你可以像罗西和薇薇安那样敢于做个普通人。如果一直等着，要等到能保证自己可以抛出一句机智深刻且时机完美的话，我们可能会一直站在那里，沉默着。我们害怕自己会造成尴尬局面或别人会消极回应，于是按

---

① 哈里斯指出了一个重要问题：有时，一些猥琐变态的人会拿"社交无能"的标签作为对女性做出越界行为的借口，然后用"对不起，我不善交际"这句假道歉来暗示她反应过度，应该允许这种越界，即使这把她吓坏了。（如果你在想这是不是在说你，我几乎可以保证不是，你在担心本身就说明你不会这么做。）事实上，社交无能或有社交焦虑的人无意中可能会越界，但他们几乎总会意识到自己犯了错，会主动撤回和道歉。而那些变态则会故意越界，并以"我不善交际"为借口，认为自己有权这样做，对方要感觉到安全并相信自己直觉的权利相比而言并不重要。

兵不动。所以，降低你的超高标准吧，和别人打个招呼，不用等着能抛出个完美的段子；问对方两个问题，不用等到你能想出个机智的独白。无论别人在说什么，你都要带着 51% 的好奇心去倾听。

你曾经和一个喷了很多古龙水的年轻男士同处过一室吗？他为什么要喷古龙水？我们能破解到焦虑是信心问题而不是技能问题，最终原因就是“安慰剂效应”。利物浦大学的一项研究发现，使用有香味的喷雾，而不是无味的对照喷雾，可以让异性恋的年轻男士表现得更自信。在这项巧妙的设计中，研究人员证明了喷洒香水的自信会蔓延到参与者的行为上。

这项研究先给所有男士拍照，再制作一段 15 秒的短片，让他们想象自己在向一位迷人的女士介绍自己。异性恋的女性志愿者被招募来给照片和短片中男士的魅力评级，但不会被告知这位男士有没有用香水。对照片评级时，女士们并未发现使用香水和不用香水的男士在魅力程度上有什么不同。但在对短片评级时，女士们认为用香水的男士更有吸引力，即使她们根本闻不到，这表明男性行为的差异使他们更有吸引力。我们就叫它“AXE（某知名男士香水品牌）效应”吧。因为 AXE 许诺其产品“有助于建立正确的第一印象”，它对十几岁男孩产生的安慰剂效应，让这一价值数十亿美元的品牌产品占据了美国大部分市场。香味不会神奇地赋予人吸引力，安慰剂效应只是给了这些年轻人信心去运用技能。

我们一感到尴尬就会马上去责怪自己的技能水平。虽然有时我们好像突然间没了技能，但其实是自我抑制在影响我们，这是可以改变的。在 1976 年的一项研究中，研究人员让 40 名有社交焦虑的大学生进行场景式角色扮演，必须表现得自信坚决，比如要求加薪或要求邻居调低家里音响的音量。一半参与者被要求像在现实生活中那样表现，而另一半参与者则被要求要像他们认为最自信的人一样坚决。研究结果表明，参与者能够根据要求提升他们的表现，就像调灯的亮度开关一样上下调节他们的自信。

再强调下，与“我的社交能力很差”这一迷思恰恰相反，我们不需要更多的技能，只需要减少自我抑制。你猜怎么着？你知道怎么减少抑制吗？就像自信的研究参与者一样，扮演一个角色；给自己一个任务；敢于做普通人；假装某个样子，直到你真正成为那样。最后，放弃你的安全行为，摆脱身体喷雾。

现在回想起来，德里克意识到，新的拳击馆即使在开业当天人也不多，原因很简单，任何生意都不会在一夜间爆火。过了一阵子，他也意识到商业成功并不像他想的那样只靠个性的魔力。父亲的成功不仅是因为他的社交能力，还有地理位置、营销、努力、时间和运气等一切因素的作用。问题根本不在于德里克的社交能力，如果说有什么在拖后腿的话，那就是焦虑让他无法正常运用自己的技能。

开业一年后一个周六的早晨，德里克扫视着挤满了人的拳击馆。身穿运动短裤的几个男人在用力击打沙袋；两个金发女人在附近练习拳击，其中一个戴着粉色手套。十几个人聚在拳击场中央，等着上基础课。德里克开创的儿童拳击课正在上着。这门课程让德里克很是骄傲和快乐，“害羞的孩子学会了自信，自大的孩子学会了低调，还有人没报上名在候补”。就在这时，一位准会员走到桌旁，德里克走过去跟他打招呼。德里克不再努力去学自己的父亲，他不再努力去拥有别人的技能。他可以做自己。德里克发现，他身上有这种能力。

第 15 章
陷阱 6：喝酒能让我放松

我们中的很多人会找到另一种方式来减少尴尬和拘谨：解忧之酒。酒是液体勇气、生存果汁和神奇水。对于那些有社交焦虑的人来说，酒有很多名字，也有很多神奇功能。它让人感觉没那么拘束（“威士忌说我能跳舞！”），或不那么尴尬（“必须来瓶啤酒，为可爱的生活干了！”）。虽然关于社交焦虑和酒精之间复杂关系的科学研究还在不断进行，但我至少遇到过 4 种类型的有社交焦虑的饮酒者。

我称第一种为**预玩家**。我的来访者妮娅是位行政助理，她总是笑容灿烂。在办公室，她几乎所有事都应付得来，但若是仅以

“妮娅”的身份出现在某处，比如派对或募捐会上，她就得先喝上一两杯来稳定下情绪。“这听上去很老套，”她边说边无奈地翻白眼，“但喝几口酒确实能让我放松些。”你不会看到妮娅手里总拿着个酒瓶，但她会在空瓶子里倒上几杯伏特加，塞进包里。每次参加活动时，她会先把车停好，把带的伏特加酒一饮而尽，等几分钟后再进去。她说：“在我需要时，酒精能发挥作用，让我顺利进入状态。”

第二种我称之为**后玩家**。马特奥的工作是船舶销售，他最喜欢水上活动，最怕参加贸易展或联络活动，而这些都是他避不开的工作场合。这类活动总让他感觉别扭，用他自己话说就是，他得尽最大努力“表现得像个正常人”，活动结束后他又会陷入事后处理的困境。他不由自主地在脑子里反复回想所有的互动，注意力全在自己讲的那些没人笑的笑话上，或者他觉得自己说得、做得不够好的地方。活动上他很少喝酒，但回到家他就会一听接一听地喝啤酒，像是要用酒去淹没这些想法。“我一直在回想，自责时就开始喝酒。”马特奥说。

第三种是**超大号的社交饮酒者**。戴维管理着一个食品服务仓库。他平时不太喝酒，除了朋友偶尔拉他出去喝，但是每次都会喝多，虽然他知道这样不好。他说：“朋友们说我是独角兽——轻量级的聚会动物。出去喝酒时我会超级活跃。除了第二天的宿醉外，我觉得都很开心。要是没有威士忌兑可乐，我就不会有任何社交。这听着很逊，但没有酒我就不会去了，不喝酒我就没办法社交。”

但并非所有有社交焦虑的人都会用喝酒来应对可能会被评判的感觉。有时，社交焦虑让我们害怕被评判，于是我们根本不会喝酒。正在读教育学专业硕士的学生卡拉就是第4种——**近乎戒酒者**。她一般不喝酒。她说：“我不想做傻事，我担心酒会让我晕头转向。在派对或婚礼上我会拿着酒杯走动，但那基本上是道具。”如果她觉得安全或者想大胆试下，“那么我可能会啜一口，但一杯酒能喝上几个小时。我以前根本不喝酒，22岁大学快毕业时我都是滴酒不沾”。那现在呢？“我还是只喝低度酒，比如含酒精的汽水。我不喜欢失去控制，说出或做出什么让自己后悔的话或事。”

总结一下，如果社交焦虑和酒精需要更新彼此的关系状态，那肯定“很复杂”。

的确，有研究发现，与不焦虑的人相比，社交焦虑程度较高的人饮酒量较少，但出现危险饮酒的情况更多。此外，在他们身上也更容易发生研究人员所称的“酒精相关的负面后果”，如误工、受伤、不太舒服的性经历等。这似乎有违直觉，但可以解释得通：有社交焦虑的人通常会避免参加派对或聚会等社交场合，不得不去时，他们就会像戴维那样努力“自我治疗”，喝得更多，但他们酒精耐受力较低，而且在喝酒速度的把控上练习得也较少。

70% 的美国人，在过去一年里喝过酒（如果没喝酒，那你就是剩下的 30% 中的一员），套用伟大的哲学家荷马·辛普森（《辛普森一家》中的人物）的话，酒精不仅解决了你的社交焦虑，也造成了你的社交焦虑。怎么会这样？一方面，酒精比较“管用”，至少在短期内如此。一项研究发现，每喝一杯酒，社交焦虑程度就会降低 4%。这个方法简单，却能神奇地让你感觉更棒。喝两杯皮诺葡萄酒，就能减少 8% 自己像傻瓜的感觉？那我也要。

但长期来看，是另一回事。第一，虽然喝酒可以减轻社交焦虑，但随着时间拉长，很多人开始为了应对社交焦虑而喝酒。的确，另一项研究发现，同时有社交焦虑和酒精问题的人，其社交焦虑问题几乎总是排在首位。第二，经历社交焦虑的人更有可能靠独自喝酒来掩盖其负面情绪，就像马特奥一边自责一边喝啤酒那样。第三，我们可能会由酒精联想到自信，比如妮娅在停车场喝伏特加，就像在听伏特加承诺说：我能让你和谁都聊得来！社交焦虑障碍使酒精滥用的风险增加了三倍多。

为什么我们总是在酒瓶里寻找希望呢？还记得标准和能力之间我们感知到的差距吗？我们一方面认为社会期望极高（“我总得说点儿有趣的”“我得和这个人一见如故”），另一方面我们又无可救药地笨拙、古怪，或根本达不到这些标准。酒精貌似弥补了这一差距。这就是社交焦虑的最后一个误区：我需要酒精来放松。当然，酒精确实会让我们变得不那么拘束，但它也会窃取我们社交技能的功劳。我们没有意识到自己一直都有这些技能，只是因为太拘谨而未能运用。

所以，降低你的超高标准，感谢内在评判努力保护你的安全，但要挑战它、善待自己。把你的注意力向外转移，转移到谈话上，而不是让你内心的对话淹没注意力。勇敢一点儿，翻过那座山。简单地说，增加你的勇气，而不是把功劳都归于酒精。举起酒杯，要因为你想要，而不是因为你需要，这比任何神奇水的效果都要好太多。

Part5

与人为善，
敞开心扉

第16章
做一个温暖的人

被理解是种奢侈。

—— 拉尔夫·沃尔多·爱默生 ——

玛蒂转动钥匙，打开了公寓的门，等待她的又将是一个漫长的夜晚，这让她很沮丧。玛蒂在圣何塞生活近一年了。她的家乡是内华达山下的一个小城，那里工作机会很少，所以当圣何塞一家运输公司请她做薪资管理的工作时，她接受了。虽然她在圣何塞一个人都不认识，总的来说还是个正确的决定。但玛蒂说，唯一的问题是她还没交到什么朋友。

她对我说："我来到圣何塞已经一年了，认识和了解别人需要时间，但我觉得不该有这么久。我知道自己有些坏习惯，下班后我大部分时间都待在家，上网，看电视。我害怕让自己走出去。大家都说我搬到这儿来很勇敢，但我在想这样做是否很蠢。”她眨眨眼忍住泪水。“为什么我找不到投缘的人？”她说，“这听上去很傻，我甚至上谷歌搜‘如何交友’，搜索结果就是去参加聚会、加入读书俱乐部或做志愿者。大家都建议我去做志愿者。我不是白痴，也知道这些，但问题不在这儿。我可以找个读书俱乐部，但走进去然后花一个小时想自己要说什么，这太难了。我该对他们说些什么呢？ 说完‘嗨，我是玛蒂’后我就无话可说了。”

与玛蒂的情况相反，诺拉认识很多人。诺拉是一位有两个孩子的全职妈妈，她知道其他妈妈的名字，不管是孩子们上的学校、参加的童子军还是足球队。她跟所有人都挥手说“嗨”，随意聊几句。虽然其他妈妈很友好，但诺拉注意到她们对她有距离感，不知道该和她说些什么。“没人真的认识我，”诺拉说，“我总是最后一个认识大家的人。人们总说：‘哦，我不知道你们互相不认识。’我表面上认识很多人，但大都是点头之交，我也有几个好朋友，但又想拓展一下圈子。我在脸书上有很多朋友，但那不是真实的朋友。我唯一能说心里话的人就是我丈夫。我总是那个局外人，不知道为什么会这样。我看到其他人都能轻松地随意闲聊，但这对我而言很神秘，我不知道自己怎样才能做到。”

即使没有社交焦虑，人们成年后再交朋友也很难。著名期刊《心理学通报》对 17.7 万人进行了元分析，结果发现人的社交圈在成年早期前会一直扩大，之后开始缩小。早在2006年，一项大规模的调查发现，近53%的美国人没有家人以外的知己，25%的美国成年人根本没有知己。我敢打赌说10年后，这个比例还会攀升。

社交焦虑问题再加上其他挑战，比如像玛蒂搬到一个新城市，毕业后大家各奔东西，戒酒脱瘾，经历生活剧变（比如离婚），或者是你突然意识到自己一直忙于工作，有些朋友已渐渐疏远，你可能感觉自己又得从头开始去交朋友了，却又不知道该怎么做。

你可能会想，这么多人，包括玛蒂和诺拉，大家都感到孤单，很多人肯定会探讨交友之道，但其实没人在说。承认自己没朋友这件事是一种耻辱。或许你也孤独，但糟糕的是，如果你像玛蒂一样在找如何交朋友的建议，你得到的多半是去什么地方能认识更多人，但这并不是你要找的。“认识人”不同于“交朋友”。一个是事件，另一个是过程。当玛蒂搜索“如何交友”时，她要找的答案不是“在动物收容所做志愿者”，她要找到答案的问题应该是“我们握过手也知道了彼此的名字，之后我该做什么？然后呢？”

玛蒂和诺拉分别拥有社交焦虑中两个常见的问题：要么觉得我们谁也不认识；要么我们谁都认识，但感觉彼此的关系不够近。无论是哪种，我们大都会想："是我哪里有问题吧？"你没有问题，社交焦虑给你设置的"过滤器"才是问题。

有时，我们无意中建造了一个严苛的过滤器，以排除太多的人。这个假设的过滤可能仅仅是：她是已婚（单身），可能不行。假设也可能是这种感觉：她太忙了，可能不行；她大概已经有很多朋友了，可能不行。或者我们对没把握的事容忍度很低：如果她不是百分之百明确的热情，我就会把她排除掉。

有时是我们的期望问题。还记得完美主义那章吗？有社交焦虑的人往往是在找那种立刻就能成好友的人。我们都没意识到自己想找一个现成的一见如故的好朋友。我们希望走进某个活动现场，然后与一个（或两个）新伙伴手挽着手走出来。但这种情况在地球上很少发生。

社交焦虑告诉我们应该"马上"找到朋友。这里用词微妙，但很能说明问题。社交焦虑想让我们立刻找到朋友，马上赢得他人好感，但真正的朋友是要交往的——友谊是过程，不是现成的发现。这实际上也是个好消息。与其在原石中找钻石，不如在原石中找更多潜在的朋友，可以成为朋友的原材料比比皆是，每个人都可能成为朋友。奇妙的是，要交朋友，你并不需要找"对的人"。相反，随着时间推移，这个人会成为"对的人"。

怎么操作呢？如果不是以狩猎采集的方式去找朋友，而是要循序渐进地培育友情，我们要如何做到这一点？

我们可以从这里开始：有人对你友好吗？很好，这些人进入了朋友人选。这是唯一条件。虽然你们还不是朋友，但你们彼此友好。有些人只会到这一步，有些人会成为朋友，你还需要做三件事。

重复性

第一件事，常见面。这好像是明摆着的，但就在 20 世纪 40 年代末，人们还认为交朋友是弗洛伊德式的：人与人之间被一种神秘的、混杂在潜意识中的童年记忆所吸引。由社会心理学先驱利昂·费斯廷格牵头的三位麻省理工教授彻底改变了人们这种认知。

1946 年，一大波“二战”老兵涌入麻省理工学院。一夜之间，5 000 名在校生中有 3 000 名都是退伍军人。当年，为了参战他们暂停了教育，再次回到大学时，他们和班里其他同学已处于不同的人生阶段。他们中很多人已结了婚，有些还有孩子，麻省理工给他们在校园最西端匆忙搭建了一个临时宿舍区。总共有 180 套临时公寓，全是两层楼的建筑结构，公寓的前门通向户外通道，就像汽车旅馆一样。这些建筑是用多出来的军营改造的，住宿条件很简陋，外面是没铺砌的人行道。但在麻省理工学院，老兵们在改善他们的公寓方面颇有创意。一位机械工程专业的学生，也是位父亲，用旧洗衣机零件造了个装置来摇动婴儿床——但让邻居们沮丧的是，这装置砰砰砰作响，常常一直响到深夜。

除了有创造力外，大家相处得也很好。正是在这种环境中，费斯廷格和同事们提出了一个研究问题：谁和谁是朋友？他们让这些老兵学生说出三个亲密朋友的名字，想知道他们是否有共同的信仰、兴趣、态度或童年经历。研究小组发现，答案远没有那么复杂，朋友之间不需要根本的共同点，他们共有的可能只是一条走廊。邻近性是友谊最重要的预测因素，隔壁邻居最有可能成为朋友。住在一楼的两端或楼梯旁边的住户都很有朋友缘，大概是因为住在二楼的人每天都要经过他们的公寓好几次。起初费斯廷格和他的团队认为距离是关键，但他们又意识到，邻近性其实还代表着另一个因素：重复性。我们大都愿意和常见面的人交朋友。经常性的交往，比如看到邻居带着孩子回家、去市场，或者去上机械工程课，这些频繁接触都是形成友谊的基础。

1957 年，在建成 10 多年后，这些宿舍楼全部被清空和拆除了，用以建造永久性住房。但有关宿舍楼的研究发现留存了下来。其他研究也证实了邻近性的效果，例如在一项研究中，44 名州警察培训生报告说，他们最好的朋友是那些座位离他们最近的人。我们可以和几乎任何人交朋友——只要这位潜在的朋友没什么坏心眼。长时间多次接触后，我们就可以而且确实可以和邻近的人成为朋友。

那么，这一点如何适用于玛蒂呢？为了有机会交朋友，具体活动本身没那么重要，重要的不是做什么、在哪里做，而是多久做一次、和谁一起做。为了最大可能获得友谊，她需要经常见到同样的面孔、同样的人。这就排除了那些大多数健完身就走的人，范围限定在了健身房每周有固定人上课的一些特定课程上；也排除了一次性活动或开放式的非正式聚会，范围限定在了一天中某个固定时间去公园遛狗的人。上课也可以，但必须是互动式的，就像探戈或写作工作坊，而不是纯讲课式的。不用考虑社交媒介、酒吧或俱乐部，因为在那些地方人们往往会和他们的朋友在一起。除非你想去搭讪其中某个人，否则那就是个封闭的小群体。刚开始时，你最好的策略是加入一个现成的对他人开放的社区，如极限飞盘队、跑步小组、自行车队、合唱小组、社区剧团、读书俱乐部等。对我而言，学前班的合作工作已经两次帮助我在搬到不同州后又开始了新的社交生活。

接下来呢？你要不断露面。新的社交活动至少需要持续三四个月的时间，而且时间越长越好。据说两个人需要交谈 6~8 次（而不仅仅是说声“嗨”）后，才能把彼此当朋友。

但是首先，记住你唯一的标准：这个人对我友好吗？如果你跟他打招呼时，对方只是咕哝着盯着手机，那就算了。但如果你得到的回应是微笑和闲聊，那就有个备选朋友了，他们不会马上请你去家里吃饭。不要因为一次聊天后，你们没有一起坐在你家的沙发上狂看电视，你就不再主动和他打招呼。记住，友谊是培养出来的，不是一下子从天而降的。

所以，继续露面吧。有可能要很多次以后你才会受到重视，尤其是那些公共性的团体，很多人可能只露一次脸。而你可以一次又一次地露面，让自己与众不同。

一旦确立自己的位置后，有一个秘密武器，就是承担领导角色。还记得第 8 章吗？扮演一个角色对我们这些害羞的人而言是件好事，因为不需要太多的即兴社交反应。你会有一套职责，还有与所有人联系的理由，即使只是提醒假期聚会或鼓励他们为活动捐款。

我们讨论了这些方法后，玛蒂既激动又害怕。她相信我说的重复，但也很害怕。她主动说起她的三位女同事经常在休息室一起吃午饭，通常玛蒂会在自己的办公桌或车里吃东西。这条件好得简直不容错过：几乎每天都是同样的人。加之她们也很热情，这也是前提。

但是，如何接近她们是个问题。玛蒂害怕那种“嗨，各位”的靠近方式，于是我们决定让她先去坐在休息室吃午饭，这样同事自然会坐过来。一开始玛蒂觉得很尴尬。她不知道她们在说什么，但仍坚持坐在那里听她们说，并时不时点头。偶尔还跟着大家笑了几次。她不停地提醒自己：她们很友好，她们很友好。玛蒂意识到，和她们坐在一起吃饭前，她早就排除了和她们做朋友的可能性，因为有两个同事年龄比她大些，另一个女孩是实习生。她原以为自己需要有更多共同点，年龄、背景相仿的朋友。回想到这些，她也意识到自己一直渴望别人主动和她交往，而别人却以为她只想自己待着。这实际是对彼此无声的巨大误解。

玛蒂不清楚这次加入她们的午餐能否算顺利，但当天晚上她在脸书上收到了其中一位同事加好友的请求。玛蒂说："我还有很长的路要走。我不知道我们能否成为好朋友，但这个开端还不错。"

记住，如果对方友好，你们就有可能做朋友。想想你对哪些人友好，还有可能对谁友好？没错，我敢打赌，你将大大拓宽你的社交圈子。

第二件事是信息披露。这对于玛蒂是第二步，对于诺拉是第一步，因为她被困在了熟人和朋友之间。像诺拉一样，我们中很多人都有一些半生不熟的朋友，彼此貌似友好，但似乎无法走得更近。

这有时是因为我们内心的完美主义者再次抬头。诺拉说：

“好像没人想走得更近，大家都在忙生活、忙孩子、忙工作。”诺拉没有意识到，她是在等一个看着“想走近”的人，一个明确想走近她的人。她想要这种确定性。她也从没意识到，是自己希望对方能主动开始轻松有趣的谈话，并邀请她一起做点儿什么。她在等清晰和聚焦的友谊，因此在无意中屏蔽了很多人。尽管身边有很多朋友，但她还是认为自己得从头开始。

那么，如何更进一步呢？我们用了术语“信息披露”，就是与他人分享我们的想法、行为和感受。这个方法看着简单却不容易做到。有社交焦虑的人不常谈论自己——我们彬彬有礼、有礼有节，但也经常让人觉得疏远拘谨，有距离感。

当《让你坠入爱河的 36 个问题》这篇文章在网上被不断转发时，“信息披露”也被大量媒体谈及。网上有很多关于这些系列问题的文章，比如“我问了一个陌生人这 36 个问题，看看我们是否会相爱，结果我们确实相爱了”。《纽约时报》上刊登了一篇《要爱上任何人，这样做》的文章，对失恋的人来说，这些文章看着像灵丹妙药。

这些问题的背后其实是临床研究。1997 年，心理学家阿瑟和伊莱恩·阿隆以及来自不同州的几位同事发表了一篇论文，题目平淡无奇：“产生人际亲密关系的实验：过程和一些初步发现。”在实验过程中，彼此陌生的参与者要在实验室里相互问三组问题，每组有 12 个问题，这些问题层层深入且都具个性。第一组问题包括："你在生活中最感激的是什么？""你对自己如何死去有什么神秘预感吗？"；第二组问题更深入一些："有没有什么事是你一直梦想要做的？为什么你还没做？""你的家人之间有多亲密、多温暖？""你觉得你的童年比大多数人都快乐吗？"；第三组问题又深入一步："告诉你的同伴你喜欢他们什么——你要非常诚实，说一些你可能不会对初次见面的人说的话。""分享一个私人问题，问问同伴，他可能会怎么处理，并请同伴反馈他认为你对所选问题的感觉。"

但这项实验并不是为了让人们坠入爱河，这 36 个问题只是为了让研究参与者在实验室的环境下能产生亲近感和亲密感，不涉及人们自然产生情感的混乱。这些问题是为了消除实验的可变性，而不是为了让人携手进入婚姻。不过，当听说两名参与者在实验中相遇后来结了婚时，研究小组也隐约感觉到了这 36 个问题的神奇威力。

20 年后，媒体得知了这一实验，把这 36 个问题当成了爱情秘方。其实这些问题并不神奇，相反，研究人员认为这种"持续加深、相互了解、个人化"的信息披露能让你喜欢上对方，也能让对方喜欢你。这 36 个问题通过快进的信息披露使人产生了亲密感。

在遇到新朋友时，我们通常会闲聊——这是谈话双方在社交上的"试车"，确实很重要。但"闲聊"二字也说明谈话只触及表面，内容大都是在聊交通、天气、同事病了、周围在传什么小道消息等。相比而言，信息披露是关于你自己的。重复一下，信息披露是分享你的想法、行为和感受，什么话题并不重要，即使是无聊的闲聊也可以转为披露。例如，谈论天气可以是披露：你很高兴天气变凉了，因为秋天是你最喜欢的季节；或者前些年你更喜欢夏天，但现在你受不了炎热了；或者在你小时候，每次下雨你和弟弟都会“救”出人行道上爬着的虫子，然后把它们装进罐子带回家，这让妈妈很是气恼。看，你还是在说天气，同时也在谈论自己的趣闻，这可以作为你们谈话的开始。

当我与世界各地的“玛蒂和诺拉们”谈到信息披露这一步时，下一个问题往往是：“那我该谈些什么呢？”这不是他们的真正问题——就像玛蒂不需要别人告诉她去做志愿者一样，她也不需要话题列表。真正的问题是：“我怎样才能克服这要命的焦虑，想出听上去不那么蠢的话呢？”

答案还是“要降低标准”。我们认为自己必须有趣、好玩或不费力。这压力太大了。事实是，如果你告诉自己不能说一句蠢话，你就会连一句话也说不出。所以，就从你正在做或正在想的事情开始。去和别人打个招呼，问问他们近况如何，分享一些你正在做、刚刚做、计划做或最近在想的事。不用多么聪明深刻、表达清晰，只要说的是自己的事就可以。

你不妨这样想，还记得刚有脸书那会儿吗？2007年，脸书提示的用户更新是："你现在在做什么？"到2009年，提示变成了："你在想什么？"我们就从这里开始。"我很好，谢谢。这周末我们要去看我的公婆（或岳父岳母）。"或是，"我很好，谢谢。我一直在考虑是否要上成人钢琴课。"或是，"我很好，谢谢。我这几天一直想吃烧烤。这附近你最喜欢哪家？"你不必说得惊天动地，唯一重要的是要透露一点儿你的小信息——"我骑自行车过来的，比堵在路上快多了""我得给侄女买个生日礼物，但不知道该买什么""我脑子里一直萦绕着加油站里放的一首歌"。

一开始你会感觉不太对劲。你会觉得自己说得太多，很自私，好像占了太多时间，话题都在围着你转。这只是因为你在把"这样做"和"不去谈自己"做对比。有时对方可能只会说"是，那很酷"或者"真的吗"，然后没别的话，对话就此打住。但没关系，很多对话可能没内容，但重点是：对话没内容不能说明你这个人没内容。有时对方的回应有内容，于是你们就开始你一言我一语地交谈。

我们中太多人常被评价为"太安静了"或者"你应该大胆地多说"。这些话我们听到过很多次，总像在批评，好像在说我们有什么问题。幸好，近年来对内向性格的肯定证实了安静的价值，也给我们正了名。试着扩展下吧。如果有人开始和你谈话，温和地鼓励自己多透露一些信息。"你有兄弟姐妹吗？"从简单一句“有个弟弟”扩展到“我有个弟弟，我们差5岁，我上大学时他还在上中学。每次放假回家我都感觉对他又有了新的认识。现在我们都成年了，关系非常好。对了，他在明尼阿波利斯市做急诊科医生”。同样，对“你老家在哪里”这个问题，答案可以从“休斯敦”变成“休斯敦，我有20年没在那儿生活了，不过我回去看过几次牛仔竞技赛”。然后做什么呢？去倾听对方，这也是你擅长的。把注意力从内向外转移。

交谈的最终目的是亲密。“亲密”这个词常带有性的意味，如“性感内衣”，或者更直接——“私密处干燥”，但实际上亲密不必和性相关。这个词来源于拉丁语，意为“内心深处的”，如与他人分享内心深处的想法、行为和感受。

唯一要注意的是，披露不是袒露。在那篇36个问题的文章中，研究人员将信息披露定义为“相互和逐步升级”，也就是说，告诉别人你自己的情况应该是个渐进相互的过程。有一次，在一个新娘送礼会上，我遇到了新娘的一位朋友。我介绍了自己，和她握了手，还没来得及说别的，她就开始和我说，她通过捐精怀孕了。为了准备生产，助产士告诉她把丁字裤放在维生素E油里浸泡，穿时提至会阴处，这样生产时就不会撕裂。那天的送礼会上，我脑子里总能想到她油腻的丁字裤，都不知道该和她说什么了。我不是个假正经的人，但作为第一次谈话，她这番袒露有点儿让人受不了。

还有更严重的，我曾有一位来访者，她常常在和别人第一次谈话时就袒露自己小时候曾被虐待，还被强奸过两次。这种袒露太快也太沉重，对方听到后就会躲着她，这让她很崩溃，认为自己说的都是事实。我们在讨论后共同决定，别人不可能马上接受她的全部事实，她可以先分享浅层的，把更深层的留到以后再说。

说到玛蒂，她意识到书友会可能更容易些，因为她在那里除了说“嗨，我是玛蒂”外，还可以和别人有更多交流。但她告诉我，第一次参加书友会时，开场的自我介绍后她一直保持沉默，她盯着地板，既希望有人跟她说话，又希望不会有人来打扰她。后来一位女士走过来，问她是否喜欢书友会，玛蒂笑着说：“书友会特别好，谢谢您。”这位女士领会了玛蒂的暗示，说：“好，希望你下次再来。”社交焦虑让我们成了结束对话的大师。这很容易：用结束式的语气说“嗨”，但不停下来聊天，或者干脆不再说什么，这样就会传递出我们不想说话的信息。结束谈话是另一种安全行为，因为我们试图让自己摆脱焦虑，但从长远看，我们躲开了片刻焦虑，却迎来了长期的孤独。

玛蒂再次来到书友会，决心尝试改变下。她知道胜利不是在自己的感受，而是在行动中：看着别人，分享信息，倾听和回应。那位女士又走了过来，问她喜不喜欢一本书，这次玛蒂深吸一口气，努力多说了些，“特别好，谢谢。我真没想到自己居然那么喜欢。我平时不怎么读通俗类小说，通常喜欢读宏大的传奇小说”。接着她们简短地交谈了一会儿，还互相给了些建议。这不是深入的心灵交流，大地也没有抖动（虽然玛蒂的膝盖在抖），但对玛蒂来说，这开启了她的新世界。当然，一段对话只是桶中的一滴水，但随着时间的推移和不断练习，一段接一段的对话、一点一滴的彼此信息披露，水滴也会注满一桶。

那诺拉呢？她决定把露面和披露结合起来。第二天，她建议女儿放学后先在操场上玩一会儿，而不是直接回家。这一习惯的改变让女儿很吃惊，也让诺拉一时紧张得喘不过气来。她看到几个认识的孩子妈妈，但想到要加入她们，就不知所措。诺拉差点儿想假装有事，找个借口离开。后来女儿让诺拉推她荡秋千，另一位妈妈也在那里推自己的孩子。诺拉打了个招呼，脱口而出不知道孩子们几岁才能学会自己荡秋千。关于孩子发育阶段的聊天让诺拉直冒汗，紧张之下她把快乐尖叫的女儿推得比以往都要高。但两位妈妈也聊了很久。等我再见到她时，她说，那天下午，尼尔·阿姆斯特朗登月的名言“这是个人迈出的一小步，却是人类迈出的一大步”一直萦绕在她的脑海中。

刚开始练习时，你可以预期开场不顺。感到孤单时，我们都会变得有点儿古怪和绝望。如果你又缺乏这方面的练习，就会变得越来越不自信，不知道自己该怎么说话，更别提要说出方便对方回应的整句话。更糟的是，我们会把别人看成威胁，把微笑看成轻蔑，把正常互动看成拒绝。之后我们还会让情况变得更糟：好像整个世界都在针对我们，这是一种叫作行为确认的自我实现的预言。如果玛蒂认为没人会跟她说话，她就不会打招呼；如果诺拉认为妈妈们不友好，只会评判她，她就会径直回家，而不是去操场。

请不要把成功与否建立在别人的反应上，也不要建立在你感觉多紧张的基础上。要把成功建立在你做的事情上。你有没有试着分享一点儿你自己的事？太好了。万事开头难。再试一次，很快再试一次，不要等几周后再试。这样保持下去，我保证你会好起来的。

表示出你喜欢他们

除了常见面和信息披露，培养友谊的第三件事是向别人表达你喜欢他。人们喜欢那些喜欢他们的人，也喜欢能够采取主动的人。用心理学的术语来讲，这就是亲社会行为，简单地说，就是向别人表示你很乐意和他们在一起。

再说简单点儿，你要想表示喜欢某人，可以先跟对方打招呼，或者当他们跟你打招呼时，你微笑回应。再进一步就是非必需的对话。我曾有个同事，她会在每个人的办公室外停下说“嗨”。她会说“我来打声招呼”或者“我就是过来看看你”。她的这些做法很贴心，也让我喜欢上了她。

下一步是把社交活动从平常环境换到另一个环境中。比如，诺拉和女儿班里的同学家长在操场上聊过后，他们便可以约着玩，从学校操场换到家里。再如，书友会后的闲聊大约六七次后，玛蒂可以邀书友会里的某个朋友一起喝咖啡，这是从多人组到二人组的转变。如果你被邀请去参加聚会，如太极班的某人要过生日、街舞班的某个男生要办个超级碗派对，那就去吧，哪怕只待一会儿。只要你去参加，对方就会很开心，而且可以换个环境，让你们的友谊提升一个层面。

那就去吧，先和大家打个招呼。如果你们的友谊总是固定在最初的环境中，你可以邀请他们去登山，去书店看书，去试下那家拉面馆的新品。这些事都不太容易，完美主义的担忧没准又会出现。我们会开始担心一些细节。如果登山对她来说太难了怎么办？要是书店附近不能停车怎么办？也许那家拉面馆很简陋。事实上，采取主动很不容易，一个有用的工具就是换位思考。想想看，如果他们邀请你，你会有什么感觉？你可能会很高兴。那么，如果哪里出了问题，你会有什么感觉？你可能会表示理解。所以，你对他们也可以做同样的假设。

接下来，一定要具体。不要问“什么时候想一起做点什么吗”，你可以问问，“孩子们一直吵着要去那个新开的攀岩场，你们这周末有空吗？”或者，“周一有空一起喝咖啡吗？我一点钟后都有空”。这样说可以明确显示出你的诚意。

最后，虽然几乎每个人都有足够的社交技能，但很多时候，我们是先感觉到与他人有联结时，才会主动去联系，才会运用这些技能。这些方法在你感到孤独时并没有什么用。我们可以反过来：为应对偶尔浮现的孤独感，如果周末没什么安排，或担心错过集体活动，那么你可以把你的感觉作为应该采取行动的提醒——感到寂寞时就做些社交计划，比如给朋友发个邮件约他们下周末一起去看电影，或者查看你一直想加入的小组活动安排。虽然不能让你在那一刻就有人为伴，但能安排好一些你期待去参加的社交活动。

总而言之，交朋友主要是克服别人和自己的惰性。假如有人很友好，那么接下来你就去重复、披露，主动去打造经得起时间考验的坚实友谊吧。

做一个温暖友善的人

20 世纪 90 年代中期，伊利诺伊大学厄巴纳-香槟分校的心理学家詹妮弗·帕克赫斯特博士站在大多数人可能都不敢面对的一群观众面前——他们不是愤怒的暴徒或滋事的流氓，而是教室里的中学生。帕克赫斯特博士和她的研究生安德里亚·霍普迈耶，在一间接一间的教室里报告她们在七、八年级学生中所做的关于受欢迎度的研究数据结果。帕克赫斯特博士站在青春期的孩子面前，他们长有青春痘，透露出旺盛的荷尔蒙。焦虑、抱负和青涩，也从他们身上的品牌牛仔裤和锐步充气鞋里散发了出来。

帕克赫斯特先感谢了全班同学的参与，然后开始讲："我们发现，你们班里最受欢迎的同学都善良、爱合作、值得信任、不挑事。"教室里的学生开始窃窃私语。一个穿粉色T恤的女孩举起手说："这结果不对！受欢迎的那些同学既不友好也不善良，他们大都刻薄自大！"

其他胆大的孩子也举起手说："受欢迎的那些人很爱挑事啊！他们不善良，也不爱合作。他们也很刻薄！"

帕克赫斯特很困惑，说道："但我刚才说的就是基于你们给我的答案啊。"

穿粉色T恤的女孩双臂在胸前交叉："那么参与调查的人肯定都说谎了。"

"肯定！"全班同学重复说。

帕克赫斯特想了想。为了确认，她问孩子们："你们喜欢这样的同学吗？"

孩子们斩钉截铁地大声说："不喜欢！我们受不了他们！"

孩子们可能不知道，在那一刻他们颠覆了科学家数10年的研究方法。

回到大学后，帕克赫斯特和霍普迈耶开始思考孩子们说的话。研究人员过去常用来衡量受欢迎程度的方法是：给所有孩子一份同年级同学的名单，然后圈出他们“最喜欢”的三个孩子和“最不喜欢”的三个孩子的名字。同样，对标不同特质，如“善良”“可信任”“合作”“爱挑事”“好欺负”和“开不得玩笑”等类目下也分别选三个。统计很简单：如果你得到了很多“最喜欢”的选票，“最不喜欢”的选票很少，那么你就很受欢迎；而如果你得到了很多“最不喜欢”的选票，而“最喜欢”的选票很少，那你就不受欢迎。就这么简单。

但面对孩子们的反馈，帕克赫斯特和霍普迈耶不得不重新考虑应该如何衡量“受欢迎”。也许这不仅是喜欢和不喜欢的得票记录。他们又做了一项研究，简单调整了下，把“受欢迎”加了进去。接着再来处理这些数字。他们的发现有了突破性进展。

用了这个新方法，她们发现，“受欢迎”的孩子实际不一定是被喜欢的，“受欢迎”只说明他在学校的地位高。这些孩子确实得到了很多“最喜欢”的选票，但“最不喜欢”的选票也很多。这些“阿尔法狗”和“蜂王”得到的“最喜欢”的选票中，大多数来自其他同样在学校地位比较高的孩子，而其余的孩子则对他们很不认可。

我们很容易误认为地位高的孩子就是讨人喜欢的，因为他们得到了更多关注，知名度也较高。我们中害羞的人在绝望地想：我永远都做不到，我完全不是那样。但你不需要做别人，你不需要占据“受欢迎”的位置。你也不需要做个大人物或自以为了不起。

的确，就像帕克赫斯特和她的同事发现的，真正诚实的、按数字计算的“受欢迎”，不在于得到了多少人的关注或顺从，甚至也不需要最自信的那些特质——得到最多“最喜欢”和最少“最不喜欢”的是那些被评价为善良、善于合作和值得信任的孩子。事实上，地位高相当于大家头脑中认为的“受欢迎”，而热心肠则能说明实际的受欢迎度。

这一现象在成年人中也是如此。一项常被引用的研究发现，在对他人的第一印象中，我们优先考虑的是“温暖”，而不是其他要素。正像你所想的那样，“温暖”意味着善良和值得信任。

这项研究也让我猛然意识到，内在评判对我们大呼小叫，但它只关注能力和自信。我们担心自己会做蠢事，被认为古怪或无能，于是我们努力去提高自己的能力和自信，但其实完全找错了方向——能力和自信不是人们希望从朋友身上得到的，温暖才是。

戴维·莫斯科维奇博士这样说：“如果你努力去做到热情、友好和好奇，那么其他的一切——所有人都有的缺点、弱点和小小的笨拙行为，对别人来说就不重要了，因为我们是普通人，因为我们和他们有联结。真正重要的是建立在温暖和信任基础上的联结。所以，继续经常露面吧。勇敢分享你的想法、感受和行动；告诉别人你喜欢他们。这些方法都是建立美好友谊的基石。

后记　使用你的焦虑工具箱

1938 年，哈佛大学的研究人员在思考一个问题：怎样能成就美好的生活?

其实，当时并不是考虑生活质量的时候。1938 年，“大萧条”已持续了近 10 年，积极心理学和幸福科学都还没有出现。满足感不是科学要研究的对象，它是诗人、牧师、哲学家和伦理学家的领域。的确，在当时去研究怎样能过上美好生活似乎是别出心裁、盲目热切，完全不切实际。不过，在 1938 年这个貌似不该被提上议程的问题，幸好有人去研究了。

其成果就是成人发展研究，也被称为“格兰特研究”，因为研究的创始人名叫威廉 · T. 格兰特。这项研究很不寻常。首先，它的研究周期长，至今已超过 75 年，研究人员跨越了 4 代。其次，它还经受住了战争、社会动荡、医学和技术进步的巨大考验。

当时共有 724 名年轻人报名参加。在 20 世纪 30 年代，我们现在熟知的多样性概念还不存在，因而参与者全是白人男性，但这项研究仍覆盖了美国社会和经济地位的两极。参与者中有美国最有权势和地位的年轻人，包括当时还是哈佛大学游泳队成员之一的约翰·肯尼迪，他后来成了美国总统；还有波士顿贫困社区的年轻人，他们大多数住在连自来水都没有的廉价公寓里。

在超过 75 年的研究中，参与者向研究人员分享了自己的健康状况、疾病、成就和挑战等信息。他们的生理指标、个性、智力、政治倾向、锻炼习惯、饮酒习惯等各方面都被测量过。研究人员还询问了这些年轻人的童年、与母亲的关系（研究开始时弗洛伊德还在世，他的理论也小有影响），以及随着时间流逝，之后几十年里他们的工作、朋友、配偶和形成的人际圈子。

目前担任研究主持的是精神病学教授罗伯特·瓦尔丁格，他浑身散发出平静。在 TED 演讲中，他讲到，持续几十年的格兰特研究揭示出，到底是什么让生活幸福、健康、有意义。他说："我们从这项历时 75 年的研究中得到的最清晰的信息是，良好的关系让我们更快乐、更健康。那些社会联结更丰富，即与家人、朋友、群体联结更紧密的人，更快乐、更健康、更长寿。"为了清楚地说明这一点，他还提到，研究中那些在 50 岁时对婚姻关系满意程度最高的男性，在 80 岁时更健康。

但瓦尔丁格也指出，社会联结不是指数字，不是指数量，而是质量问题。而且，重要的也不是社会联结的种类，你不一定要已婚或有伴侣。相反，健康快乐生活的最重要因素是要有温暖的人际关系。从中学到中年，再到老年，温暖意味着善良和值得信任，这些特质会促进联结。格兰特研究也告诉我们，联结能带来幸福、健康和长寿。你不一定要开朗、外向、自信或受欢迎。你要做的就是保持善良，这你本来就有。

除此之外，你还有着与社交焦虑共生的其他自然特质：同理心，倾听能力，对自己设置的高标准，和责任心。把这些特质和你在这本书中获得的技能和知识结合起来，你就可以通过主动联系去靠近周围的人，去联系新朋旧友、家人、同事甚至陌生人；去联系年长的、年轻的，和你相似的或完全不同的人。你只需要做到善良和温暖，就可以改变自己的生活。

这些你不用听我的，看看和你处境相同的吉姆吧。

肺炎痊愈出院后的一个周末，吉姆费力地踩着路面厚厚的积雪，去上舞蹈课。那天的恶劣天气把大多数学员都困在了家里，上课的人很少。课后真由美给了吉姆一个惊喜——区舞蹈表演将在 6 月举行，真由美觉得，上了 4 年舞蹈课的吉姆早该登台表演了。

吉姆以前去看过表演，但从未想过自己登台。他很喜欢舞蹈课和周日晚上的练习舞会。但一想到要表演，熟悉的焦虑又呼啸而来。这种焦虑在过去几年已越来越少出现，程度也越来越轻，但时不时还会像这样突然出现。

在这个舞蹈表演中，既有五到六对学员舞伴一起跳的百老汇风格的团体舞，也有一对舞伴单独上台的表演。观众大约有 100 人，还有一位评判员会对舞者的表演给出书面反馈。吉姆以为真由美推荐他参加的是团体舞，但她没给他选择的机会："就你和我跳，吉姆。"

吉姆瞪大双眼："我肺炎刚好，您现在是希望我心脏病发作？"他半开玩笑地问。

雪融化了，吉姆在训练。天气转暖了，吉姆还在训练。转眼已是 6 月，吉姆站在后台，感觉到礼服里面的心怦怦直跳。他拉拉衣领，后台太闷了，得透透气。从幕布后往外偷看时，不经意间撞上了评判员从眼镜上方看过来的冷冷眼神。吉姆吓得猛地把头缩回幕布后，仿佛看见了一名狙击手。也许真的会心脏病发作，那他就不用再上台跳了。

时间到了。他听到主持人在报自己的名字。吉姆恍恍惚惚转过身，走上舞台，都忘记了自己应该和真由美一起从幕布后走上舞台。真由美赶紧小跑着跟上。教过几百名学生的她什么情况都能应对。她已经教了吉姆 4 年，对他也非常了解。吉姆和她讲过与社交焦虑的各种斗争：周末如何躲在家里；他如何花了近半个小时，只为打电话安排第一次舞蹈课，手却一直在狂抖不止。她知道吉姆因这次演出而紧张，也深知他能做到，能做好。他们已练习了好几个月。这次不再是舞步问题，而是要上台，被观看，准备好站在聚光灯下。但她知道吉姆已经准备好了。

主持人接着说："女士们，先生们，这是吉姆的第一次表演。"热烈的掌声响亮而持久。吉姆回忆起这一切："我唯一能听到的就是掌声。我问自己，'这是真的吗？'"音乐响起来，是华尔兹，和他生日那天得到的惊喜之舞一样。突然间，吉姆感觉自己很专注，焦虑消失了，他的身体灵敏清醒。他的双脚知道所有的舞步，无须去想。他真正想到的是自己在后台的惊慌，很奇怪，不知不觉中，惊慌变成了另一种完全不同的情绪——兴奋。

音乐结束了，他们的脚步慢了下来，吉姆和真由美鞠躬后跑到后台。真由美给了他一个拥抱："我马上要和另一个学生再上台跳，你感觉怎么样？明年要不要再来？"

吉姆看着她的眼睛："没问题。"

她笑了："要是你说'再不来了'，我就是没做好自己的工作，没能让你拥有一次美好的经历。她紧紧握了一下他的手，又转身去找下一个学生。"

吉姆靠在墙上。他做到了。他再次去体验台上的那一时刻。他回忆说："那是我一生中最美妙的时刻之一。"

几天后，真由美把裁判给他的评价的信封交给了他。

"他是说我一团糟吗？如果他能看到我的大脑，会看到真的是一团糟。"

真由美看着他："你总觉得只有你自己焦虑，别人都没事。"

"但他们看上去很平静啊！"

"你也一样。"真由美撕开信封，把信交到吉姆手里。在这页纸上方，裁判用大号字体写着："非常放松。"

吉姆从没想到，在52岁时，他居然会过上一种新的生活。他知道有点儿晚，但过去已不可逆转，向前走，永远不晚。无论你是13岁还是83岁，"老狗也能学会新把戏"。

吉姆的故事还没结束。他和蒂娜保持着联系，他们的内心依然怀念40多年前对彼此的好感和尊重。虽然不知道未来会发生什么，但现在吉姆对他的变化很满意。从多切斯特到舞池，吉姆以前从没想过，他可以翻越社交焦虑的大山，走向另一端。

就像吉姆一样，你也有勇气去面对恐惧。你可以减少自己花在社交焦虑上的时间。现在你知道该如何去质疑自己的担忧，你只需问自己三个问题："那样做到底会有多糟？""发生最坏结果的概率有多大？""我该如何应对？"你知道如何带着同情和理解与自己对话，创造一个支持性的环境，让自己去做困难的事；你知道，在有自信前就投入去做，你会更有自信；你知道，如果你选择了一个角色、一个目标，或者为自己制造一些结构，你会感觉自己更笃定、更专注；你知道，每次去战胜自己的焦虑后，焦虑的大山就在一点点变小；你知道，你要放弃自己的安全行为，那些救生圈只会把你压在水下，这样你将收获真实的自己；

你知道，你要把注意力转移到手头的任务上，转移到你面前的人身上，甚至是有意识地转移到你的呼吸上；你可以看到别人眼中的你，而不是哈哈镜里的自己；你可以放弃完美主义，做个普通人；你可以相信，自己的小缺点、小错误能让你更讨人喜欢；你知道，你要不断出现，向别人透露你生活中的点点滴滴，让别人知道你喜欢他们。最重要的是，你知道，你要善良，要值得信任。

所有这些工具都在你的工具箱里，这是一套崭新的工具。而且，这些都被最杰出的研究人员反复证明是有效的。但是，就像学骑自行车或开车一样，掌握这些新工具也需要时间和实践。你不需要掌握所有的工具（记住，我们正在弱化完美主义）。先选择你最喜欢的两三个工具。对我来说，我会问自己："那到底会有多糟糕？"把注意力从内向外转移，让别人知道我喜欢他们，这几个工具是首选。它们帮我度过了 90% 的焦虑时刻。另外 10% 呢？ 我要么从自己的经历中获得了一个好故事，要么我会选择先放一放，之后再试一次。

最好的是，你可以克服掉社交焦虑但不会丢掉与之相伴的好品质。好品质？是的，请记住，社交焦虑是个整体。我们有同理心，有能力理解并分享他人的感受；我们很负责，会把事情做得很好；我们的高标准会促使自己追求成功。最后，我们重视相处。在这个不安分的世界里，能与人为善、被人信任，最终吸引他人走近你。

最重要的一点就是，与关心别人的想法分不开的是关心别人。想想贺曼公司的口号：“当你足够在意时，世界才会为你送上最好的。”因为足够在意，你把最好的自己呈现给世界；因为足够在意，你会给这个世界带来不可思议的力量和价值。因此，把社交焦虑的调光开关调低到不再让你害怕或阻碍你过想要的生活，这一点很重要，不要失去对他人的关心和关注。我们在意他人。对那些有幸认识我们的人来说，我们是很好的朋友和伙伴。

讽刺的是，我接触的有社交焦虑的人，大都自认为是能力不足的失败者，但他们又一次次地被证实是人们希望认识的那类最有趣、美丽和善良的人。我喜欢和有社交焦虑的人一起努力，因为他们总是那么勇敢和优秀，我也很荣幸能帮助他们发现这一点。

对于我们中间内向的人，你真正的自我可能是比较安静、乐于思考。对于性格外向的人，真实的你可能喜欢社交、乐于表达。我坚信没有恐惧时的你才是真正的自己。还记得甘地对自己的社交焦虑表达的感激吗？“它让我成长，帮我辨明真相。”你也去做吧。去拓展，去成长。这样你才会找到自己——你真实的自己。

作者声明

在本书中我引用了一些来访者的经历，我曾有幸直接接待了他们，也曾督导过他们的治疗。和他们认识和接触的地点都是在为来访者承诺和保证保密的健康机构，依据美国 1996 年的《健康保险携带和责任法案》(也称《HIPAA 法案》)，我对所有可能有标识的信息，或者可被识别的故事细节都已经做了处理，以便他们中的每个人，以及他们受保护的健康信息不被泄露。在一些案例中，我把不同来访者的信息整合成了一个人。

唯一的例外是吉姆的故事，他特别希望分享自己的整个故事，从而激励他人。但因为吉姆的家人和交际舞圈子的人并不期望做书中的配角，所以我改了他们的名字，但相关地点和细节与吉姆的经历一样。

经允许，迭戈的故事改编自阿姆斯特丹大学苏珊·博格尔斯博士分享的一个病例。第 2 章中 21 个月大的詹妮弗是基于我与辛西娅·加西亚·科尔博士的谈话和对该案例的研读。

致谢

过去几年里，我走出传统的学术工作，开始常常让我困惑的冒险，推出了播客，写书。我的口头禅一直是“我不知道要去哪里，但我在正确的道路上”。我知道这条路是对的，因为一路上我遇到了这么多慷慨优秀的人。

我衷心感谢为本书付出了时间、精力和经验的所有人：林恩·奥尔登、戴维·巴罗、考特尼·比尔德、苏珊·博格尔斯、卡拉·布鲁金斯、戴维·伯恩斯、戴维·克拉克、索菲亚·丹伯灵、蒂凡尼·杜夫、约翰·加布里埃里、辛西娅·加西亚·科尔、菲利普·戈尔丁、理查德·亨贝格、斯特凡·霍夫曼、安德里亚·霍普迈耶、刘易斯·豪斯、蒋甲、瑞秋·兰布来特、戴维·兰格、戴维·莫什科维奇、克里斯汀·聂夫、哈里斯·奥马利、詹妮弗·帕克赫斯特、罗纳德·拉皮、迈克·林克、布兰登·斯坦顿、彼得·夏来科、泰·田代、查尔斯·泰勒、艾玛·沃诺克-帕克斯和杰德·吴。

我永远感谢圣马丁出版社的整个团队。执行编辑詹妮弗·韦斯在项目成立之初就很有信心，也增强了我对本书的信心。助理编辑西尔万·克里克莫尔始终都有坚定的理性和信心。劳拉·克拉克、莉娅·约翰逊和金·卢开启了我从不知道的大门。布拉德·伍德在这本书策划会上的一番话，往我心中注入了希望。芭芭拉·怀尔德把手稿变成了一本真正的书，这是一项大任务。高级编辑阿丽莎·马蒂诺真是太了不起了，她应该得到无尽的感谢，感谢她一边忙着无数的日常事务，一边每天（有时不止每天）给予我热情的鼓励、安慰和指导。还有编辑艾丽莎，你简直是个超级明星。

感谢 QDT 的每一个人。非常感谢玛丽·贝斯·洛持、凯西·道尔、乔·马克里侬、凯利·迪金森、摩根·拉特纳和史蒂夫·里克伯格。大约 5 年前，贝娅塔·桑托拉收到了一位主意未定的学者发来的电子邮件，信中说她想写点儿什么，于是这一切就开始了。贝娅塔，谢谢你给我这个机会。

这本书最早的读者多伦·加恩、罗贝特·兰沃登、丹尼泽·莱彻瓦、胡安·萨纳夫里亚和萨拉·史密斯·帕玛斯娃提供了宝贵的反馈和支持。艾米丽·琼斯推动我坚持写作，也忍受了我的反复。蒂姆·格拉赫的营销大作可以说是我的及时雨。“寂静革命”网站的苏珊·凯恩、妮迪·贝瑞和科琳·奎恩给了我无尽的支持。洛莉·列治文、马修·盖尔利和克劳迪娅·斯科特还给我创设了一个精美的网页。莉萨·史密斯、戴维·巴罗，还有我工作的 CARD 研究中心的每一个人都努力支持了我的写作生活这一平行小宇宙。感谢米尼翁·福格蒂和 QDT 的主持人，特别是莫妮卡·瑞纳盖，慷慨地分享了他们的广博知识。

作为研究狂人，我要感谢剑桥公共图书馆系统、波士顿大学图书馆和斯坦福大学图书馆。

致《智慧心理》所有的听众：非常非常感谢你们。谢谢你们每周的收听，给我发来了很多精彩的节目创意，给我和所有听众留下了令人振奋的评论。没有你们就不会有这本书。

我特别要衷心和诚挚地感谢多年来我所有的来访者。见证到你们的恐惧越来越少，生活越来越丰富多彩，也是我的幸运，

当然，最深切的感谢要献给我的家人。全家人都支持我写这本书，他们敞开心扉，腾出时间、空间支持我，尤其是莎伦·亨德里克森、丹·亨德里克森和苏珊娜·帕克。感谢尼古拉斯·柯里尔对我坚定不移的信心，尤其是在我对这本书的意义产生怀疑时——他完全是力量、爱和必要的“糊涂”的无尽源泉。